One Health
科普丛书

丛书主编/沈建忠

菌菌乐道
揭露肠道致泻菌

主编/李佳萍 张嵘 唐琳

U0950057

知识产权出版社
全国百佳图书出版单位
—北京—

图书在版编目（CIP）数据

菌菌乐道：揭露肠道致泻菌 / 李佳萍，张嵘，唐琳主编 . — 北京：知识产权出版社，2025.6. —（One Health 科普丛书 / 沈建忠主编）. — ISBN 978-7-5130-9764-2

Ⅰ . Q939.121-49

中国国家版本馆 CIP 数据核字第 2025GZ0694 号

内容提要

本书从小薇及其身边朋友遇到的和腹泻相关的事件入手，阐述了什么是细菌性腹泻；介绍了常见的引起腹泻的病原菌，并对每种病原菌进行具体的说明，包括菌落基本形态，生长特性，流行特征，致病机制，主要的毒力及耐药情况等，期望帮助大众对细菌性腹泻有更为清晰的认知。

责任编辑：张　珑　　　　**责任印制：**刘译文

封面设计：舒　丁

One Health 科普丛书 / 沈建忠主编

菌菌乐道——揭露肠道致泻菌

李佳萍　张　嵘　唐　琳　主编

出版发行：知识产权出版社有限责任公司	网　　址：http：//www. ipph. cn
电　　话：010-82004826	http：//www. laichushu. com
社　　址：北京市海淀区气象路 50 号院	邮　　编：100081
责编电话：010-82000860 转 8569	责编邮箱：laichushu@cnipr. com
发行电话：010-82000860 转 8101	发行传真：010-82000893
印　　刷：天津嘉恒印务有限公司	经　　销：新华书店、各大网上书店及相关专业书店
开　　本：720mm × 1000mm　1/16	印　　张：17.25
版　　次：2025 年 6 月第 1 版	印　　次：2025 年 6 月第 1 次印刷
字　　数：214 千字	定　　价：88.00 元

ISBN 978-7-5130-9764-2

编委会

丛书序

21世纪，经济全球化给我们的生活带来了翻天覆地的变化。人类在享受全球化飞速发展成果的同时，也面临着严峻的健康挑战。新兴突发传染病、食品安全、环境污染等公共卫生事件频发。越来越多的研究发现，人类的健康与动物及生活的生态系统息息相关。人畜共患病可随着动物和人类之间的互动相互传播，而环境的变化可能会加速疾病的传播；抗微生物药物的滥用会导致病原体对药物产生耐药性，这些耐药的微生物会通过环境和食物链在动物和人类之间进行传播，最终导致抗微生物药物失效。近些年来，国内外研究结果都在提醒人们，人类的健康不再是狭义的健康，“同一健康”（One Health）的概念应运而生。“同一健康”理念旨在可持续地平衡和改善人类—动物—植物—生态系统的健康，呼吁人们通过跨学科、跨部门、跨行业的合作，采用整体、系统的策略来识别人类—动物—植物—生态系统之间的相互联系。2022年10月17日，联合国粮食及农业组织（FAO）、联合国环境规划署（UNEP）、世界卫生组织（WHO）和世界动物卫生组织（WOAH）四方合作机制共同发布《“同一健康”联合行动计划》，为“同一健康”理念的践行提供了切实可行的行动计划。

为了增进公众对“同一健康”的认知，本着促进科学技术知识的普及和传播的初衷，中国农业大学和浙江大学的师生们精心策划了“One Health科普丛书”。本系列丛书紧密围绕“同一健康”主题，联合临床医学、动物医学、环境科学、食品科学等学科。交叉融合，着眼于与人类生活密切相关的健康问题，涵盖临床感染性疾病的诊治、食源性疾病、宠物健康、食品安全问题、抗生素耐药性问题等方面，深入浅出地传播科学知识。希望通过这套丛书的阅读，读者对于人类—动物—植物—生态系统有更加深刻的理解和认识。

中国工程院院士

沈建忠

前 言

人类的健康与动物和生态系统的健康息息相关。

食源性疾病所致的感染性腹泻是持续存在的全球性公共卫生问题。据WHO统计，全球每年约有17亿例儿童腹泻。腹泻是造成五岁以下儿童死亡的第二大原因，每年约有52.5万名五岁以下儿童死于腹泻。感染性腹泻发病率高居我国肠道传染病首位，据2022年我国卫生健康事业发展统计公报数据，2022年全年丙类感染性腹泻报告发病数高达959 636例，居丙类传染病报告第二位，仅次于流行性感冒。

作为胃肠道感染的一种症状，腹泻可由多种病原体引起。肉、蛋、奶等动物来源的致泻性病原菌可通过食物链进入人的肠道引起感染性腹泻，但它们引发的“故事”可不会这么简单就结束了，这些致泻菌还可能随着人类的粪便排到体外污染环境，从而导致恶性循环。显而易见，要解决腹泻这一公共卫生问题，单靠临床医学的力量是远远不够的。人类健康的实现，不仅需要临床医学的努力，更需要动物医学和环境科学的跨学科合作和交流，这正是One Health理念所推崇的。

司空见惯的腹泻，到底是哪些病菌所致？它们对人类—动物—环境的全健康系统有什么样的影响？作为普通大众该如何防患于未然呢？别急，在本书中，我们将揭秘五花八门的肠道致泻菌，追溯它们的“前世今生”， 揭露它们的尺短寸长。通过对本书的阅读，相信您对One Health视角下的感染性腹泻的防治将有清晰的认识！

目　录

※ 揭秘细菌性腹泻——肚子疼背后那些你不知道的是是非非 ※

1. 一泻千里未有终，脾胃虚不背这个锅。不好，肚子开始疼了 003
2. 腹泻的时候，我的身体还在发生什么 009
3. 是谁在我的肚子里搞鬼 012
4. 不慌，医生有办法 015

※ 细数五花八门的肠道致病菌 ※

5. 致泻性大肠埃希菌——花样百出，各有各的“杀手锏” 021
6. 肠致病性大肠埃希菌——暴力破坏细胞的狠角色 025
7. 产肠毒素大肠埃希菌——暗处放毒的偷袭者 028
8. 侵袭性大肠埃希菌——不易分辨的模仿犯 031
9. 肠出血性大肠埃希菌——会破坏血管的忍者 034
10. 肠聚集性大肠埃希菌——爱叠罗汉的小个子 037
11. 同时作恶，多种机制的联合 040
12. 朗朗乾坤下无处遁形 044
13. “独门武功”打败恶人团伙 048

※ 沙门菌——招致食物中毒的惯犯 ※

14. “肠”驱直入四处破坏的首席刺客 055
15. 揭秘人畜禽无差别攻击的一条龙产业链 058
16. 沙门菌的祖传武器 062
17. 持续强化装备的沙门菌的自我修养 066
18. 打败沙门菌靠什么? 070

※ 志贺菌——夏秋隐匿的食源性致病菌 ※

19. 夏秋食源性中毒凶手榜的榜二细菌 075
20. 志贺菌属家族成员及其发家史 080
21. 刀枪剑戟一起上——志贺菌致病力 084
22. “凡杀不死我的，会使我更强大” 088
23. 人类与志贺菌的对抗 091

※ 霍乱弧菌——人类挥之不去的梦魇 ※

24. 憧憬霍乱时期的爱情，醒醒，霍乱可能要你命! 097
25. 跌宕起伏的前世今生 100
26. 粪里追凶——霍乱弧菌的培养与检测 104
27. 隐入水源——霍乱弧菌的传播 108
28. 霍乱弧菌的重生与毁灭 112

※ 生吃海鲜使不得——让人瑟瑟发抖的副溶血弧菌 ※

29. 谈弧色变 117

30. 小小副溶血弧菌是如何兴风作浪的呢 121
31. 揭秘副溶血弧菌性食物中毒 124
32. 隐匿的武器——副溶血弧菌毒素 127
33. 一网打尽副溶血弧菌 130
34. 提防凶险的副溶血弧菌 134

※ 弯曲菌的弯弯绕绕 ※

35. 名声在外不在内 139
36. 不只是肠道腹泻 143
37. 肠道黏附侵袭的好手 146
38. 弯曲菌真的很弯吗? 150
39. 追踪隐秘的痕迹 152
40. 弯曲菌的防治之路 154

※ 艰难梭菌——被逼无奈残害肠道 ※

41. “平凡普通人”的犯罪之路 159
42. “嗜血双刀”诱惑心智 162
43. “嫌犯 X”的多重身份 165
44. 抓捕隐匿“人群”的“恶人” 168
45. 毁灭犯罪根源，还普通人正常生活 172

※ 产气荚膜梭菌——肠道的常驻客 ※

46. “憨厚”的梭菌也有杀伤力 179

47. 在养殖业江湖为非作歹 182
48. 手持 2 把“大斧”，好不威风 186
49. 真凶落网，原形毕露 189
50. 武功再高，也有克星 193

※ 蜡样芽孢杆菌——让人上吐下泻的耐热凶手 ※

51. 双面天使与魔鬼——我们不都是“坏人” 197
52. 呕吐型与腹泻型选手——不同毒素的表现 201
53. 炒饭综合征——看不见的淀粉污染者 205
54. 我们也在变强——不再好欺负 207
55. 抓我很简单——菌种鉴定及毒素检测 211

※ 李斯特菌——隐匿在冰箱中的“潜伏者” ※

56. 眼花缭乱的李斯特家族——单增才是核心 215
57. 李斯特家族的感染史 219
58. 单增李斯特菌的孤军奋战之路 222
59. 不讲“武德”，恃强凌弱的“单增” 225
60. 揪出“单增”并不难 229
61. 消灭“单增”之路，任重道远 232

※ 金黄色葡萄球菌——美丽外表下的魔鬼 ※

62. 葡萄球菌性肠炎？都是“金葡”惹的祸！ 237
63. 不可小觑的金黄色葡萄球菌肠毒素 241

64. 食物中毒的第三大元凶 245
65. 戒备森严的缉凶关卡——从传统培养到分子生物学技术 248
66. 臭名昭著的 MRSA——MRSA 耐药形势 252
67. 打败金黄色葡萄球菌——防治手段 256

揭秘细菌性腹泻

——肚子疼背后那些你不知道的是是非非

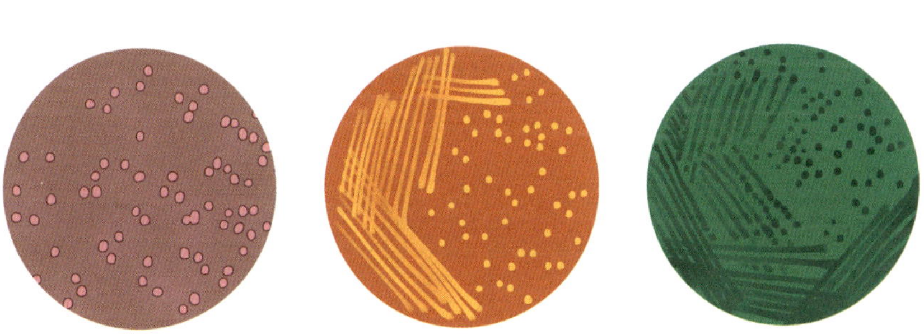

1. 一泻千里未有终，脾胃虚不背这个锅。不好，肚子开始疼了

正逢暑假，小薇 8 岁的弟弟回到乡下游玩儿，却有了腹泻的症状。起初小薇的父母认为弟弟回到乡下不适应，脾胃虚弱。直到病情进展到第三天，他们才意识到问题的严重性。这下可把小薇妈妈急坏了，他们马上把弟弟送到医院。通过粪便常规及其他辅助检查，医生诊断为细菌性腹泻。

细菌性腹泻是什么？这个细菌又从哪里来？让我们一起来揭开细菌性腹泻的神秘“面纱”。

世界卫生组织（World Health Organization，WHO）对于腹泻的定义是粪便水分及大便次数异常，通常24小时之内排便3次以上。而大便的形状比次数更重要。多次排出成形大便，或者纯母乳喂养的婴儿的大便比较稀、不成形，二者都不是腹泻。

那细菌性腹泻又是什么呢？

这要从感染性腹泻说起，感染性腹泻是人体由细菌、病毒、寄生虫等感染性病原体引起、以腹泻为主要临床表现的疾病。感染性腹泻流行于世界各地，是危害人类健康的常见病和多发病。中国疾病控制中心（Chinese Center for

Disease Control and Prevention，CDC）统计数据显示，从2008年到2010年，超过90%的感染性腹泻由病毒导致，常见的致泻病毒有诺如病毒、札如病毒、轮状病毒、肠道腺病毒[1]。而细菌性腹泻是感染性腹泻的分支，指由细菌引起、以腹泻为主要表现的一组常见肠道传染病，一般为急性表现，也有病程超过14天的为迁延性腹泻[2]。该病发病呈全球性，一般为散发，可暴发流行。临床表现以胃肠道症状为主，轻重不一，多为自限性，也就是疾病在发展到一定程度后，靠机体调节能够控制病情发展并逐渐痊愈，但少数可发生严重并发症，甚至导致死亡。

哪些细菌会导致细菌性腹泻呢?

常见细菌有致泻性大肠埃希菌、沙门菌、志贺菌、霍乱弧菌、副溶血弧菌、弯曲菌、艰难梭菌、产气荚膜梭菌、蜡样芽孢杆菌、李斯特菌、金黄色葡萄球菌等。

沙门菌属（*Salmonella* spp.）主要包括肠道沙门菌和邦戈沙门菌2种。引起人类疾病的沙门菌多属于肠道沙门菌亚种Ⅴ。沙门菌属细菌可以从人体、各种动物体内及环境中分离到，是人和动物常见的病原菌，主要通过污染食品及水源，经粪口途径传染。沙门菌在死亡时会释放内毒素，这些毒素会导致发热、白细胞变化、中毒性休克及其他病理生理反应。

志贺菌属（*Shigella* spp.）分4个血清群。在我国，以福氏和宋内志贺菌引起的痢疾最为多见。志贺菌只有侵入肠黏膜后才会致病，引发炎症反应。同时它会产生强烈的内毒素，可以作用于肠黏膜，导致人体发热、神志不清、中毒性休克等一系列中毒症状。不仅如此，志贺菌还会破坏肠黏膜，出现黏液脓血便。

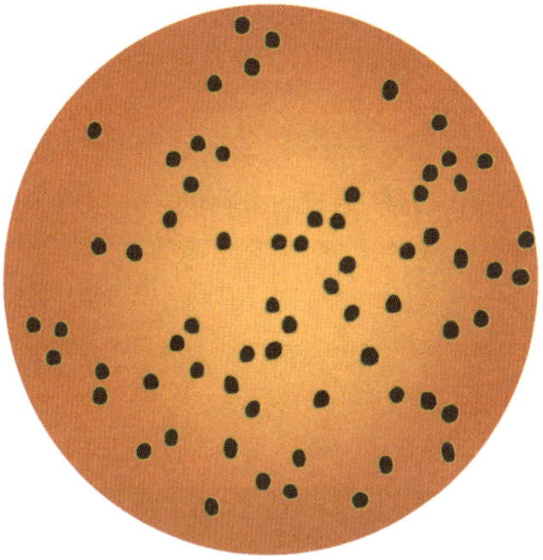

▲ SS平板上沙门菌菌落形态

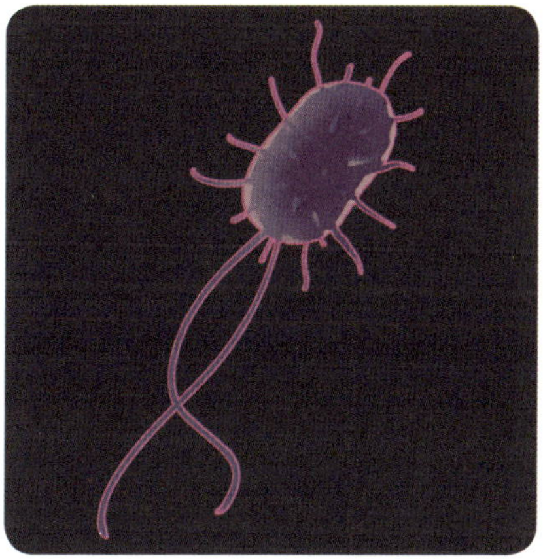

▲ 沙门菌电镜图片

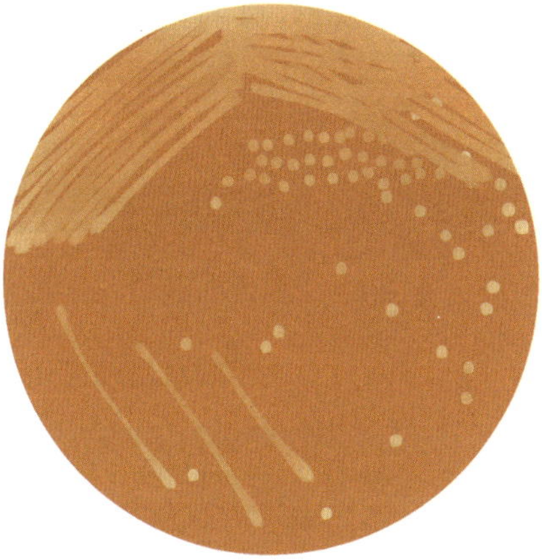

▲ SS平板上志贺菌菌落形态

▲志贺菌电镜图片

大肠埃希菌（*Escherichia coli*），也称大肠杆菌，是直杆状的革兰阴性杆菌，兼性厌氧，它的致病物质包括侵袭力和毒素。大肠埃希菌是肠道的正常菌群，但有些“坏蛋分子”会偷偷变坏，可导致细菌性腹泻，因而被称为致泻性大肠埃希菌。致泻性大肠埃希菌常见的有五大类，包括肠致病性大肠埃希菌、肠产毒性大肠埃希菌、肠侵袭性大肠埃希菌、肠出血性大肠埃希菌和肠集聚性大肠埃希菌。致泻性大肠埃希菌主要通过粪口传播，常与食物中毒密切相关，可导致人和动物的感染。

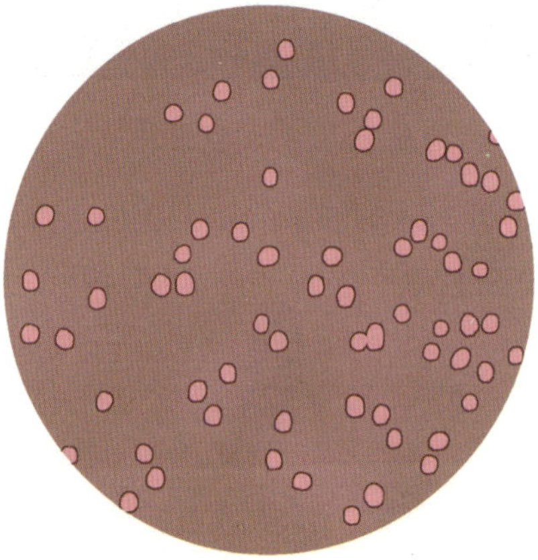

▲ 麦康凯平板上大肠埃希菌菌落形态

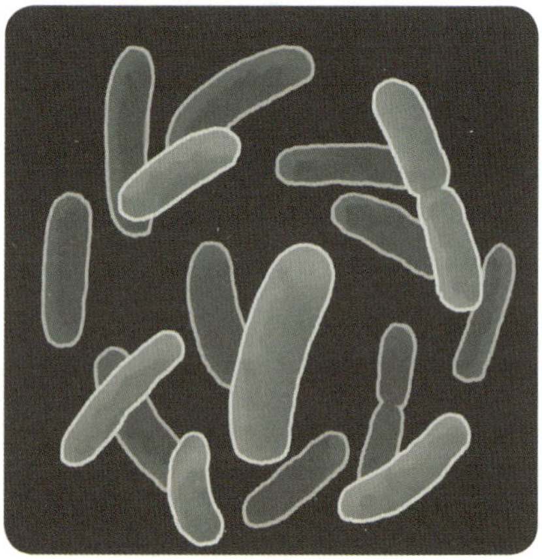

▲大肠埃希菌电镜图片

金黄色葡萄球菌（*Staphylococcus aureus*）是革兰阳性球菌，呈现单、双链或无规则葡萄串状排列，多数为兼性厌氧菌，是临床上重要的致病菌，拥有众多毒力因子，如黏附素、酶及毒素等。金黄色葡萄球菌是食物中毒的第三大元凶，可导致肉类、奶制品、烘焙制品，特别是奶油填充的糕点及三明治等被污染变质，从而引起聚集性食物中毒。

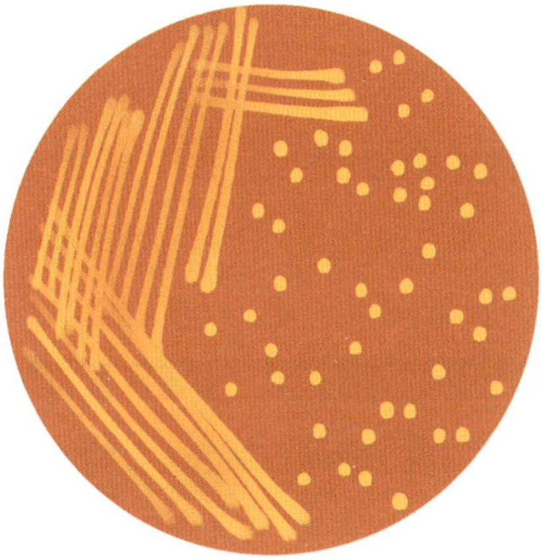

▲ 血平板上金黄色葡萄球菌菌落形态

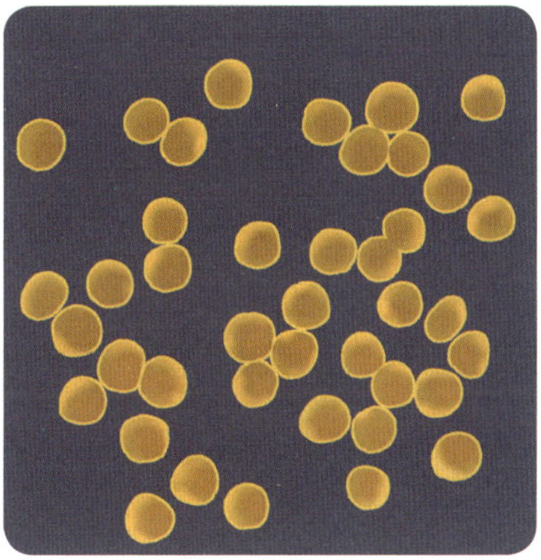

▲金黄色葡萄球菌电镜图片

副溶血弧菌（*Vibrio parahaemolyticus*）是革兰阴性杆菌，呈弧状、杆状、丝状等，兼性厌氧，但具有嗜盐性，主要存在于近海岸的海水，海产品及盐渍的蔬菜、肉、蛋食品中。人食用未煮熟的海产品或污染病菌的盐渍食物，通过产生耐热直接溶血素和耐热相关溶血素两种致病因子致病，具有细胞毒性、心脏毒性和肠毒性，其中引起的胃肠炎通常为自限性，病程2~3天。

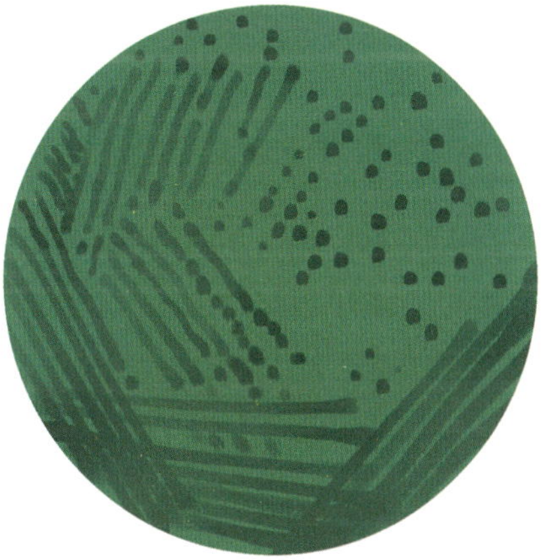

▲ TCBS平板上副溶血弧菌菌落形态

艰难梭菌（*Clostridium difficile*）为革兰阳性粗长杆菌，是严格的专性厌氧菌，对氧极为敏感，它是人和动物肠道的正常菌群，在婴幼儿的粪便中最常见。值得注意的是，近年来，随着抗生素在临床上的广泛使用，艰难梭菌导致的抗生素相关性腹泻和伪膜性结肠炎日渐报道，艰难梭菌已成为医院感染的重要病原菌之一。

俗话说病从口入，细菌性腹泻与我们吃的食物密切相关。我们如果食用被大量细菌感染的食物，如家畜、家禽、鱼类、野生动物等，会引起细菌性食物中毒。临床症状以急性胃肠炎为主，表现为腹痛、腹泻、恶心、呕吐等。若是侵袭性细菌引起的食物中毒，还会有发热，腹部阵发性绞痛，里急后重和黏液脓血便等症状，腹泻严重者可导致脱水、酸中毒甚至休克。细菌性食物中毒常在7~9月发生，与储存及烹饪方式不当、食物不新鲜有关，主要原因是夏季气温高，细菌容易繁殖。在日常生活中，我们一定要重视食品卫生安全，不吃不洁、腐败、变质及未煮熟的肉类食品，切忌贪恋美味从而丢掉健康。

参考文献

[1] 季梦辰，崔立红 . 急性病毒感染性腹泻病原体研究进展 [J]. 胃肠病学和肝病学杂志，2016，25（7）：814-820.

[2] 李兰娟，任红，高志良，等 . 传染病学 [M]. 9 版 . 北京：人民卫生出版社，2018.

2. 腹泻的时候，我的身体还在发生什么

正值毕业季，小薇和同学们在海鲜烧烤店大快朵颐。谁曾想，回到宿舍之后，小薇开始肚子痛，接着腹泻来得是一阵又一阵。到最后，当小薇从洗手间出来时，连走路都不稳了。抬头看时间，发现已经是凌晨2点。小薇心想：算了，咬咬牙，再忍一下，等到明天早上再去医院吧！然而，没过多久，小薇开始打寒战、发热、头晕，断断续续的腹痛一直持续到早晨。痛苦不堪的小薇来到医院急诊，经过层层检查最终被医生以“脓毒症”收治住院。小小的腹泻，竟然有这么大的威力？在腹泻的时候，我们的身体又在发生着哪些变化？且让我们继续往下看。

当我们食用生食、半生食肉类制品，生牛乳，或饮用未经处理的水等不洁物品时，细菌会随着食物进入我们的胃肠道，逃过消化液和免疫系统的夹击，进入人体的肠腔内繁殖，开始“为非作歹”。其间最为明显的临床症状就是腹泻，同时还伴有食欲差、恶心、呕吐、腹胀、腹痛等胃肠道症状。细菌性腹泻的发病机制也因肠道感染菌的不同而有所差异。我们将其归类为分泌性腹泻（又称肠毒素性肠炎）和侵袭性腹泻（又称侵袭性肠炎）。

引起分泌性腹泻的病原菌主要作用于空肠和十二指肠。各种产肠毒素的细菌可以引起分泌性腹泻，如霍乱弧菌、产肠毒素性大肠埃希菌等。这些细菌在肠腔内释放肠毒素，使得小肠液总量增多，超过结肠的吸收能力，于是就产生了腹泻，排出大量水样便，进而导致人体脱水、电解质紊乱。

侵袭性腹泻的主要病变部位在回肠末端和结肠黏膜。各种侵袭性细菌感染可以引起渗出性腹泻，如志贺菌属、沙门菌属、侵袭性大肠埃希菌、空肠弯曲菌、耶尔森菌和金黄色葡萄球菌等可以直接侵袭小肠或结肠肠壁，使肠黏膜充血、水肿，炎症细胞浸润，引起渗出和溃疡等病变。这时机体会排出含有大量白细胞和红细胞的粪便，并出现全身中毒症状。同样，结肠因为炎症不能充分吸收小肠液，某些病菌也会同时产生肠毒素，从而导致水样便的产生。

乍看没威力的细菌性腹泻，后果却可能相当严重。当细菌性腹泻发生时，一方面可能伴随腹泻导致水和电解质丢失，呕吐导致体液丢失；另一方面胃口差导致摄入量不足，最终导致机体的水盐平衡破坏，机体脱水，电解质紊乱。脱水会进一步导致血容量减少，血流缓慢，那些靠血流提供氧气和营养物质的组织会因为缺氧而进行无氧呼吸，代谢产物乳酸堆积；血容量的下降也会影响肾脏正常的排酸保钠功能，从而使机体发生代谢性酸中毒。不得不提的是，一旦发生代谢性酸中毒，后果很严重，可能致死。如果在短时间内快速丢失2000~3000ml以上液体而又得不到补充，则很容易发生脱水、电解质紊乱、酸中毒。

并非危言耸听：如果细菌性腹泻没有及时纠正，就会进一步进展为脓毒症。细菌进入肠道后并不会乖乖待在原地，它会释放大量细菌产物（如脂多糖、脂磷壁酸等）进入血液并激活机体的“防御机制”，触发细胞因子级联反应，释放更多的促炎细胞因子（IFN、IL-1、IL-6等），形成局部炎症。如果治疗不及时，局部炎症会扩散为全身性炎症，最终导致患者出现发热、呼吸短促、心率加快及白细胞升高等症状，这就是全身炎症反应综合征（Systemic Inflammatory Response Syndrome，SIRS）。

所以，只有了解了腹泻的时候身体发生了什么，我们才能高度重视细菌性腹泻，做到腹泻时尽早就医、尽早治疗，从而预防不良预后。

参考文献

[1] SINGER M，DEUTSCHMAN C S，SEYMOUR C W，et al. The Third International Consensus Definition for Sepsis and Septic Shock（sepsis-3）[J]. Journal of the American Medical Association，2016，315（8）：801-810.

[2] 江伟，杜斌. 中国脓毒症流行病学现状 [J]. 医学研究生学报，2019，32（1）：5-8.

[3] 王仲，魏捷，朱华栋，等. 中国脓毒症早期预防与阻断急诊专家共识 [J]. 中国急救医学，2020，40（7）：577-588.

3. 是谁在我的肚子里搞鬼

经过医生的诊治，小薇的病情较入院时已经好转一些，便开始思考此次疾病的进程："吃海鲜的人那么多，怎么偏偏是我呢？我是如何'中奖'的呢？到底是谁在我的肚子里搞鬼？这些'坏蛋'细菌会不会传染给我的老师和同学们呢？"带着这些疑惑，小薇开始了"十万个为什么"的探索。

细菌性腹泻全年均可发病，但好发于夏秋季节，多与高温下细菌滋生食物腐败变质相关，常见的有沙门菌属感染、空肠弯曲菌肠炎、副溶血弧菌食物中毒、肠致病性大肠埃希菌肠炎等。另有部分感染，如耶尔森菌肠炎等，则好发于冬季或寒冷季节。

细菌性腹泻广泛流行于世界各地。引起细菌性腹泻的病原菌种类繁多，沙门菌、致泻性大肠埃希菌、志贺菌、致泻性弧菌、弯曲菌等都是引起细菌性腹泻的常见病原体。在不同国家和地区，因经济发展、自然气候、生活习惯等不同，主要细菌病原谱的排序也有所不同。在发达国家，最常见的细菌是志贺菌、非伤寒沙门菌和产志贺毒素大肠埃希菌等，占所有病原体的10%~15%；而在发展中国家，细菌仍然是腹泻的主要病原体，其中以志贺菌、弯曲菌和产肠毒素大肠埃希菌为主[1]。沿海地区的人群由于经常进食海产品，以副溶血弧菌、沙门菌属所致急性腹泻多见。

我国相关调查数据显示，随着城市化进程的加快，致泻型大肠埃希菌和沙门菌在细菌性腹泻病原体中的比例逐渐上升，而志贺菌的比例则呈现下降趋势。在城市的感染病例中，宋内志贺菌是志贺菌的主要血清型，比例达60%；而在农村的感染病例中，福氏是主要的血清型，比例达77.37%[2]。此外，南北方不同城市的病原体分布也有较大差异。北京市2015—2017年的监测数据显示，细菌性腹泻病原菌中，检出率最高的病原菌是沙门菌，其次是弧菌；年龄以中青年为主，职业以民工、自由职业及待业者占优势，男性高于女性[3]。上海市2013—2015年感染性腹泻病原谱以副溶血弧菌、致泻性大肠埃希菌、沙门菌、诺如病毒与轮状病毒为主，夏季与冬季季节性高峰较明显，其中50~69岁老年人患病阳性率最高；其次为30~49岁中年人[4]。西安市2004—2016年14岁以下儿童细菌性腹泻病原菌以志贺菌为主，沙门菌的检出比例逐渐增高[5]。

那细菌性腹泻是如何传播流行的呢？疾病的传播离不开三要素——传染源、传播途径和易感人群。细菌性腹泻亦是如此。对于细菌性腹泻，患者是主要的传染源；此外，鱼类、家畜等动物可以成为贮存宿主，因污染环境引起疾病的流行。粪口传播是细菌性腹泻的主要传播途径，如经过食物传播，食品在加工、生产、运输等过程中被病原携带者或者被鼠类、蝇类的排泄物污染，或进食生冷海产品，从而引起细菌性腹泻的发生和流行。另外，人与动物密切接触之后，如果没有及时进行手卫生，也可被感染。儿童、老年人及有免疫抑制或慢性疾病的患者，都是细菌性腹泻的高危人群，且容易发生严重并发症，病情进展速度快。而外出旅游者，由于缺乏相应免疫力，也会导致人群易感性升高。

知己知彼，百战不殆。在了解细菌性腹泻的前因后果后，我们要养成良好的卫生习惯和健康的饮食方式，饭前便后洗手，不吃生的或半生的食品，瓜果蔬菜要洗净，海产品一定要彻底高温烹饪之后再享用。另外，减少外出就餐的次数。如果在外就餐，我们应注意不食用不洁、腐败、无证和不符合卫生的食品，选择洁净的就餐场所。这样我们才能远离细菌性腹泻，让那些病菌毫无“可乘之机”。

参考文献

[1] KOTLOFF K L. Bacterial Diarrhoea [J]. Current Opinton in Pediatrics，2022：34（2）：147-155.

[2] QIN S，DUAN R，JING H Q，et al. Etiology of bacterial diarrhea in large cities，mid-sized/small Cities and Rural Areas of China [J]. Zhonghua Liu Xing Bing Xue Za Zhi，2018：39（5）：651-655.

[3] 陈素明，贾天野，张敬霞，等 . 北京地区腹泻病原菌流行病学及耐药特征和检测技术研究 [J]. 中国抗生素杂志，2018，43（9）：1083-1088.

[4] 黎健，潘浩，肖文佳，等 . 上海 2013—2015 年感染性腹泻病原流行病学特征分析 [J]. 中华预防医学杂志，2017，51（12）：1113-1117.

[5] 王春娟，雷超，刘继锋，等 . 2004—2016 年西安市儿童细菌性腹泻病原菌监测结果分析 [J]. 现代预防医学，2017，44（15）：2877-2880.

4. 不慌，医生有办法

话接上文。在大致了解了可能引起细菌性腹泻的病原菌后，我们又该如何对付这些让人头疼的“坏蛋”细菌呢？不慌不慌，医生有办法！接下来，我们一起来了解下医生们都有哪些好办法……

对于那些不小心中招，得了细菌性腹泻的“倒霉蛋”，明确病因是首要任务。医生们会根据临床症状追寻蛛丝马迹来探寻“真凶”。因为不同细菌的致病机理和临床症状各不相同，其对抗生素的敏感性也不尽相同，微生物实验室的工作人员会收集患者的大便、呕吐物、血液等标本选择有针对性的培养方案进行培养，然后医生再根据培养结果和药敏结果给患者开出不同种类的抗生素。

那么，腹泻了是不是多喝点水就好？不不不！光喝水可不够。细菌性腹泻患者通常还存在脱水与电解质紊乱的情况，医生们会根据患者情况采用补液疗法。口服补液盐推荐用于轻度或中度脱水的防治，服用剂量和次数可根据患者腹泻的次数及脱水程度调整。对于重型细菌性腹泻伴有重度脱水、严重电解质紊乱或休克者，医生们会采用静脉输液法以迅速纠正脱水及电解质紊乱情况。当患者脱水被纠正、呕吐好转后，可转为口服补液。

腹泻的时候是不是最好空着肚子？当然不是！饮食方面，腹泻患者一般不必禁食，可选择清淡饮食，忌食多渣、油腻或刺激性食物。需要注意的是，所有急性感染性腹泻患者，应暂时停饮牛奶及其他乳制品，因为急性腹泻时小肠黏膜的消化酶活性低，不能很好地消化和吸收高蛋白物质。对于腹泻频繁，同时伴有呕吐和高热等严重感染中毒症状的患者，必须卧床休息并禁食。最最重要的是，尽早就医！

拉肚子拉得肠道紊乱了怎么办？调整肠道菌群，恢复微生态很重要！医生们常用的益生菌制剂有双歧杆菌、嗜酸乳杆菌等，一些肠黏膜保护制剂也经常被医生们推荐，如蒙脱石散可吸附病原菌和毒素，并能通过与肠道黏液分子间的相互作用，增强黏膜屏障，抵御病原菌的侵入。

对于健康人群，防患于未然才是最重要的。细菌性腹泻预防控制的措施大致可分为一般预防和疫苗预防两大类[1]。

一般预防主要是通过改善卫生条件和健康教育方式，减少或避免导致感染腹泻病原菌的危险因素，预防肠道传染病的发生。一方面，社会层面需要保障卫生饮水设施的供应和使用；监督和保障食品安全，尤其是食品供应链、餐饮供应点等饮食集中供应环节；完善污水和粪便无害化处理，完善卫生厕所设置；主动开展健康教育，通过多种形式宣传饮食安全。另一方面，社区层面应积极开展饮食卫生相关环节的监督和健康宣传，在医疗和疾病控制系统开展规范和灵敏的腹泻病例监测和暴发监测等。作为普通群众，要主动参加健康教育，时刻谨记食品安全，养成良好的卫生和健康饮食习惯，不饮用生水，不生食未煮熟食物。病从口入，细菌性腹泻的防范必须守好这道门！

WHO近年来推荐优先开发的细菌腹泻病疫苗，包括痢疾疫苗、肠产毒性大肠埃希菌疫苗、伤寒疫苗和霍乱疫苗，而现有细菌性腹泻病疫苗包括霍乱疫苗、伤寒疫苗和痢疾疫苗[1]。目前在国内可使用的细菌性腹泻疫苗种类有限，仅有霍乱疫苗和伤寒疫苗[2]。接种疫苗也是控制传染病最经济有效的一种方式。

参考文献

[1] 李凤祥，计国欣，曾明 . 细菌性腹泻病疫苗的研究进展 [J]. 微生物学免疫学进展，2008，36（4）：91-95.

[2]《细菌性腹泻免疫预防专家共识》专家组 . 细菌性腹泻免疫预防专家共识 [J]. 中华预防医学杂志，2016，50（2）：114-117.

细数五花八门的肠道致病菌

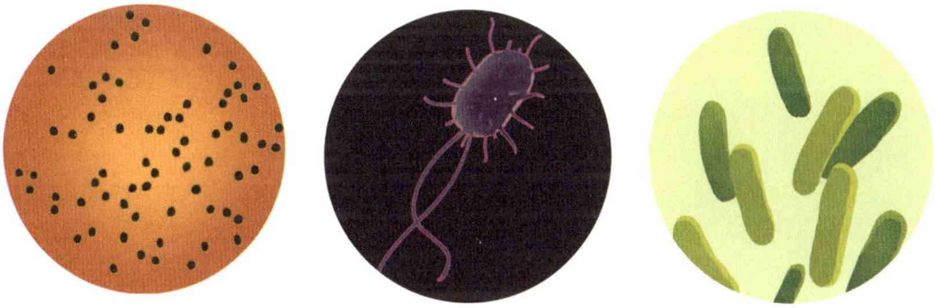

5. 致泻性大肠埃希菌——花样百出，各有各的“杀手锏”

3岁的明明从昨天早上开始就不停地腹泻、恶心、呕吐，吃不下饭，把一家人急得不得了。送到医院后，医生仔细地询问了明明的病史并采集了明明的大便和呕吐物送到了实验室进行检测。最终，明明被诊断为致泻性大肠埃希菌（Diarrheagenic *Escherichia coli*，DEC）感染。

都说大肠埃希菌是肠道的正常菌群，那么，这个DEC又怎么会导致腹泻呢？它们又是如何“黑化”成为兴风作浪的“坏蛋”细菌的呢？

众所周知，大肠埃希菌是一种普遍存在于人类和动物胃肠道中的共生细菌。正常情况下，大肠埃希菌的代谢活动能抑制肠道内分解蛋白质的微生物的生长，减少蛋白质分解产物对人体的危害。大肠埃希菌分泌的大肠埃希菌素具有杀菌作用，可维持肠道的菌群平衡。此外，它还能帮助机体合成维生素B和维生素K，促进人体的健康。基于大肠埃希菌在维持肠道健康中所做出的巨大贡献，大肠埃希菌被授予“肠道荣誉市民”的称号。

然而值得注意的是，大肠埃希菌中的一些成员在“鱼龙混杂”的肠道中接触到大量不良“信息”后开始“腐败变坏”。这些菌株具有横向获得毒力特征的能力，从而逐渐演变成名副其实的“坏蛋菌株”，最终引起人类和其他动物的腹泻和肠外疾病。由大肠埃希菌引起的常见疾病包括腹泻、急性炎症、出血性结肠炎、尿路感染和败血症。这些病原体因具有不同的属性从而通过不同的机制引起疾病，导致不同的临床症状。其中，在肠道和腹泻疾病中起重要作用的大肠埃希菌菌株被称为致泻性大肠埃希菌[1]。

如同我们熟知的葫芦娃一样，DEC这“一家子五个兄弟”各个“身怀绝技”，哪个都不是好惹的。

先说“大娃”——肠致病性大肠埃希菌（Enteropathogenic *Escherichia coli*，EPEC），它的技能是“暴力破坏”，这个技能会破坏肠道上皮细胞，导致肠道功能紊乱，因此它是侵犯肠道上皮的“惯犯”。

再看看“二娃”——肠产肠毒素大肠埃希菌（Enterotoxigenic *Escherichia coli*，ETEC），它的技能是“放毒”，它释放的肠毒素可导致内分泌性腹泻。

而“三娃”——肠侵袭性大肠埃希菌（Enteroinvasive *Escherichia coli*，EIEC）的技能是“模仿”，它会“模仿”志贺菌释放志贺毒素，导致难辨的细菌性痢疾。

“四娃”——肠出血性大肠埃希菌（Enterohemorrhagic *Escherichia coli*，EHEC），它可以攻击人体的循环系统及神经系统，让机体产生出血和窦性心律过缓、惊厥等症状。

“五娃”——肠聚集性大肠埃希菌（Enteroaggregative *Escherichia coli*，EAEC），它的技能是“叠罗汉”。它和它的“分身”最喜欢“玩叠罗汉”，可通过黏附性菌毛粘在肠黏膜上，然后释放毒素。

尽管这些“坏蛋”都会导致水样腹泻，但是它们的毒力因子谱、临床表现严重程度和流行病学特征各不相同。ETEC和EAEC感染者可能伴有发热和呕吐，而EIEC很少伴发热；EHEC感染的临床表现较严重，可引起血便，并进展为危及生命的溶血性尿毒症综合征。ETEC、EIEC和EAEC常见于中低收入国家的儿童和工业化国家的旅行者腹泻，EPEC见于中低收入国家儿童腹泻，EHEC通常与绿叶蔬菜、牛奶或牛肉产品的食源性疾病暴发有关。在传播方式上，这5种型别主要通过粪口传播，EPEC还可在动物与人之间传播[2]。前文已经提到，DEC与食物中毒密切相关，作为食源性监测的重要菌株，DEC也一直是重点监测对象。在2009年至2018年，我国217家哨点医院急性腹泻患者中，6.68%的患者检出DEC，其中EAEC检出率最高达28.81%，EPEC和 ETEC紧随其后，分别为25.63%和24.29%，EIEC的分离率较低，为6.60%，EHEC的分离率最低，仅为3.06%。从性别分布上看，女性的阳性率明显高于男性，ETEC尤为显著；从年龄上看，DEC在8~59岁的成人中阳性率最高，在<5岁的儿童中阳性率最低；从季节分布上看，DEC通常在夏季时达到高峰[3]。

参考文献

[1] OHMURA-HOSHINO M，MIYAKI Y，YASHIMA S. A One-Step Multiplex PCR-Based Assay for Simultaneous Detection and Classification of Virulence Factors to Identify Five Diarrheagenic *E. coli* Pathotypes [J]. Heliyon，2022，8（8）: p. e10231.

[2] JESSER K J，LEVY K. Updates on Defining and Detecting Diarrheagenic *Escherichia coli* Pathotypes [J]. Current Opinion in Infectious Diseases，2020，33（5）: 372-380.

[3] ZHOU S，et al. Characteristics of Diarrheagenic *Escherichia coli* Among Patients with Acute Diarrhea in China，2009—2018 [J]. Journal of Infection，2021，83（4）: 424-432.

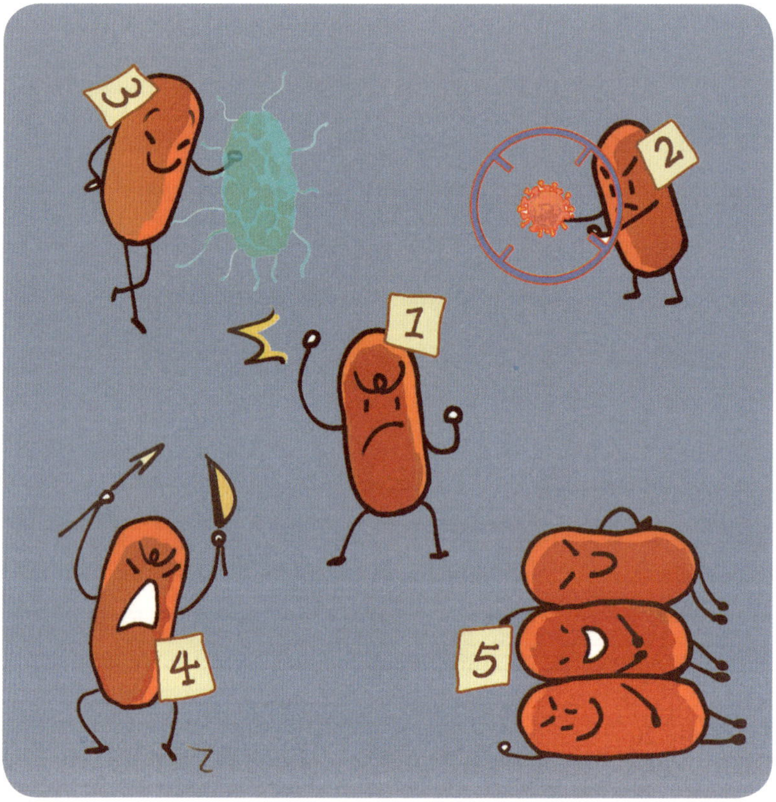

▲ 身怀绝技的大肠埃希菌五兄弟

6. 肠致病性大肠埃希菌——暴力破坏细胞的狠角色

DEC这一大家子中，肠致病性大肠埃希菌（EPEC）是最先被人们知晓能引起腹泻的“元凶”。它是在受污染的食物和水中发现的致病性菌株，可寄居在胃肠道中并导致人类和动物严重腹泻。至今，EPEC是发展中国家婴儿腹泻的主要致病菌。作为重要的人畜共患病原菌，EPEC还可引起动物性腹泻，造成巨大的经济损失。EPEC与“与人为善”的普通大肠埃希菌有什么区别？它在人和动物中的流行情况如何？它又是如何“作威作福”的？不要急，且听我们慢慢道来。

1945年，一个叫约翰·布雷（John Bray）的英国科学家首次报道了EPEC所致的婴儿腹泻。20世纪40年代和50年代，EPEC频频亮相，被认为是美国和英国婴儿腹泻暴发流行的罪魁祸首。20世纪50年代后，EPEC在发达国家几乎销声匿迹，而在发展中国家，EPEC仍是婴儿腹泻的主要病原菌。有研究发现，在像巴西、智利、秘鲁、爱尔兰等发展中国家，5%~10%的婴儿腹泻是由EPEC感染所致。值得注意的是，最近的研究显示EPEC在北欧、大洋洲、东亚等发达国家有“死灰复燃”的趋势[1]。2016年，芬兰爆发了一起由EPEC污染沙拉导致

237人腹泻的公共卫生事件。仅在2009—2010年，韩国就报道了26起EPEC所致的腹泻暴发流行事件，波及人数达1791人。

EPEC不仅祸害人类，还可导致动物腹泻，造成巨大的经济损失。2008—2015年，比利时42个农场累计报告了104株EPEC菌株感染导致牛犊和猪仔腹泻的病例。有趣的是，其中的42株EPEC的血清型与2013—2016年人源性的EPEC菌株高度同源。此外，EPEC还是宠物中最常见的肠道致病菌，可引起宠物狗和猫的急性胃肠炎、腹泻、脱水。有研究报道，巴西腹泻人群和宠物狗中分离的大多数EPEC属于同一克隆，这也揭示了EPEC能够引起人畜共患病，具有很高的传播风险。

前面说EPEC的技能是“暴力破坏”细胞，但真实的情况要更复杂一些。EPEC通过菌毛等附着于肠上皮细胞，然后将细菌内蛋白质通过一种特殊的通道转运到宿主细胞中。这种特殊的细菌通道我们称为Ⅲ型分泌系统（T3SS），这个系统就像一个注射器，能够直接穿过菌膜与宿主细胞膜，将蛋白质直接送入宿主细胞的细胞质中。这些被注射的蛋白质能够调节宿主细胞死亡途径和抑制其免疫反应。有科学家研究发现，被EPEC感染的肠黏膜段微绒毛明显消失，细菌紧密附着在肠上皮细胞表面，并导致上皮细胞底层的细胞骨架紊乱[2]，同时也会导致细胞产生炎症反应、活性离子分泌、肠道通透性增加和微绒毛消失导致的可吸收表面积损失使细胞骨架失衡，从而导致腹泻。

因为EPEC“挖墙脚”的效率很高，所以它是最主要的可致人腹泻的细菌病原体之一，也是第一个被确定为水样腹泻病原体的大肠埃希菌病原型，主要感染中低收入国家婴幼儿，可散发和暴发流行。它的传染性强，以直接接触传播为主，可通过污染的手、食品或用具而传播；成人之间常通过污染的食品及饮水，也可能由呼吸道吸入污染的尘埃进入肠道而发病。5~6月为发病高峰[3]。

EPEC感染后表现为发热、乏力、呕吐和腹泻。感染源是牛肉、受污染的水果、蔬菜或生牛奶。在儿童中具有高度传染性。儿童EPEC病在临床上往往比其他腹泻感染更严重。有些儿童会出现超过14天的持续性腹泻。EPEC可导致人类出血性结肠炎和溶血性尿毒症综合征（Hemolytic Uremic Syndrome，HUS）。HUS是一种严重的疾病，高达50%的HUS患者可出现长期肾损害或血压相关并发症。EPEC还可产生非洲绿猴细胞毒素，可诱导结肠病变，表现为急性胃肠道感染，伴有腹泻、腹痛、呕吐和发热。每三个患有血性腹泻的人中就有一个有发生严重并发症（如急性肾衰竭）和神经损伤（如瘫痪）的风险[4]。

参考文献

[1] BURNS L，GIANNAKOPOULOU N，ZHU L，et al. The Bacterial Virulence Factor NleA Undergoes Host-Mediated O-linked Glycosylation [J]. Molecular Microbiology，2023，119（2）：161-173.

[2]. 杨蕾，李俊霖，申玉玺，等 . 肠致病性大肠埃希菌紧密黏附素的作用机制及基因分型研究进展 [J]. 中国人兽共患病学报，2022，38（6）：528-532.

[3]. RAMACHANDRAN R P，NANDI I，HARITAN N，et al. EspH Interacts with the Host Active Bcr related（ABR）Protein to Suppress RhoGTPases [J]. Gut Microbes，2022，14（1）：2130657.

[4]. GAMBUSHE S M，ZISHIRI O T，EL ZOWALATY M E. Review of *Escherichia coli* O157：H7 Prevalence，Pathogenicity，Heavy Metal and Antimicrobial Resistance，African Perspective [J]. Infection and Drug Resistance，2022，23（15）：4645-4673.

7. 产肠毒素大肠埃希菌——暗处放毒的偷袭者

如果说“大哥”EPEC主打暴力手段破坏，那么“二哥”ETEC则是在角落里偷偷放毒的阴险角色。

ETEC定植的最主要部位是小肠，当发生感染时，ETEC既不损坏也不侵入肠黏膜上皮细胞，只定居在表面，使肠道内壁受到刺激，分泌大量水分，引起腹泻[1]。由此可见ETEC的狡猾。

作为“放毒大师”，ETEC产生的毒素也是多种多样，有黏附素、肠毒素、水肿病毒素、内毒素、溶血素等。其中，无论是从发病学还是免疫学角度来讲，黏附素和肠毒素都起着重要的作用。黏附素主要起辅助作用，能使ETEC黏附到宿主靶细胞表面。而肠毒素则是致病的主力军。按照耐热性的不同，肠毒素一般可分为耐热肠毒素（Heat-Stable Enterotoxin，ST）和不耐热肠毒素（Heat-Labile Enterotoxin，LT），两种肠毒素既可单独产生，又可同时产生。

黏附是微生物定植的基础，也是细菌致病感染的先决条件之一。而ETEC菌毛正是起到黏附作用的黏附素。它可以与肠黏膜上皮细胞的不同受体结合，定居在肠道上皮细胞上，避免因动物消化道不断蠕动而被迅速排出，为细菌大量生长繁殖和产生肠毒素致病创造条件。并且菌毛在ETEC的表面，可以抵抗免疫细胞的吞噬作用，可以说是强大的辅助。

肠毒素则是ETEC致病力的主要元凶。其中热敏感肠毒素（LT）是对热敏感的蛋白质，相对分子质量较大，在65℃、30分钟情况下完全失活。它进入肠上皮细胞后，可以激活胞内的腺苷酸环化酶，并使其活性不可逆，致使环磷酸腺苷酸（cAMP）水平增高；热稳定肠毒素（ST）为对热不敏感型肠毒素，相对分子质量较小，100℃下加热2分钟仍具有活性，ST进入肠上皮细胞后会激活鸟苷酸环化酶，从而使肠上皮细胞内环磷酸鸟苷酸（cGMP）浓度升高。cAMP与cGMP会导致腺上皮细胞分泌功能亢进，致使小肠内积聚大量肠液，从而超过肠道的吸收能力，最终导致腹泻。同时也会改变细胞膜对水和盐离子的通透性，引起Cl^-、Na^+ 、HCO^{3-}和水在小肠内的分泌增加，超出小肠的重吸收能力，致使机体高血钾、脱水、代谢性酸中毒等症状，严重者还会发展为心衰[2]。ETEC拥有这两大毒素法宝，真是应了那句“用毒之人最狠毒无比”的话。

ETEC是引起发展中国家儿童和旅行者腹泻的主要病原菌，并且也是幼畜（初生仔猪、犊牛、羔羊及断奶仔猪）腹泻的重要病原菌。初生幼畜被ETEC感染后，常因剧烈水样腹泻和迅速脱水而死亡，发病率和死亡率均很高。据估计，国内约有35%的仔猪腹泻是由ETEC引起的，美国等国家新生仔猪腹泻中，由ETEC引起的占45%以上，这给养殖业带来严重的经济损失。

临床上ETEC的感染通常伴有急性的水样腹泻，症状有轻有重，潜伏期为10~72小时。除腹泻外，也会出现其他症状，如腹痛、发热、恶心、呕吐。但ETEC感染通常具有自限性，也就是说，可以通过我们的自身免疫系统清除它们，恢复身体健康。因此，症状较轻者可不使用抗生素治疗[3]。

对于ETEC引起的疾病的治疗以药物为主。由于近年来抗生素的滥用带来的药物残留及细菌抗药性等问题，采用疫苗预防接种不失为控制此病的最佳方法。市面上的疫苗大体可包括以下几类：以抗肠毒素免疫为主的类毒素苗或LTB亚单位苗；以抗黏附素免疫为基础的，含单价或多价黏附素抗原的灭活全菌苗或亚单位苗；同时表达肠毒素和黏附素抗原或表达一种或几种黏附素抗原的基因工程菌苗等。怀孕母畜用这些菌苗免疫后，均可以使仔畜获得保护[4]。

参考文献

[1] GAMBUSHE S M，ZISHIRI O T，EL ZOWALATY M E. Review of *Escherichia coli* O157：H7 Prevalence，Pathogenicity，Heavy Metal and Antimicrobial Resistance，African Perspective [J]. Infection and Drug Resistance，2022，23（15）：4645-4673.

[2] 朱红梅 . 产肠毒素性大肠埃希菌致病特性及益生菌的筛选与疾病控制研究 [D]. 厦门：厦门大学，2006.

[3] 陈昊康，韩辉，周燕楠，等 . 首都机场口岸一例输入性新型产肠毒素性大肠埃希菌感染病例的处置 [J]. 中国国境卫生检疫杂志，2018，41：73-74.

[4] 张秀媛 . 产肠毒素性大肠埃希菌 EtpA 与 LTB 共表达载体的构建及免疫原性分析 [D]. 石家庄：河北农业大学，2014.

8. 侵袭性大肠埃希菌——不易分辨的模仿犯

张医生报名了为期两年的援非计划。到非洲一周后，张医生就出现了腹痛、发热、里急后重、黏液脓血便等症状。症状表现很像细菌性痢疾。细菌性痢疾简称菌痢，是志贺菌引起的肠道疾病，其主要表现为发热、怕冷、腹痛、腹泻、里急后重、排黏液脓血样大便等。然而检测结果却证实，张医生是感染了大肠埃希菌，这又是怎么回事呢？

想要知道其中缘由，我们就必须要了解大肠埃希菌兄弟的“三哥”——EIEC。它是一个让人极易混淆成志贺菌的模仿者。

大量研究表明，志贺菌属和大肠埃希菌从物种水平上看，在分类学上是无法区分的，但由于志贺菌属的特殊临床意义，两者仍然保持命名上的区别。不仅人体感染它们后的症状相似，EIEC在生化、遗传和病原学上都与志贺菌属密切相关。在生物化学上，两者都含有特殊的侵袭性基因，这种侵袭性基因让EIEC能够像志贺菌属一样侵入结肠黏膜，造成黏膜破损，从而发生出血、黏液增多、发热等症状。

虽然EIEC与志贺菌十分相似，但它们仍有一些不一样的地方。通过对它们进行生化鉴定，研究人员发现，EIEC能够更好地发酵黏液，利用丝氨酸、木糖或乙酸钠的能力更高。因此我们可以制作含相应特殊化学物质的培养基进行细菌培养，从而鉴别EIEC与志贺菌。相关的培养基有枸橼酸盐培养基、醋酸钠培养基等[1]。除了通过生化反应对二者进行区分，我们也可以利用DNA技术和免疫学方法进行区分。DNA检测的方法对设备和技术的要求比较高，因此免疫学成为常用的区分方法，也就是用已知的抗体试剂检测EIEC表面特殊的抗原。如果出现凝集，便可证明该细菌是EIEC而不是志贺菌。我们称这种方法为血清凝集试验。在临床上，如果我们要判断一名患者是否为EIEC感染，就必须进行EIEC血清凝集试验、粪便培养，鼠角膜实验[2]，如果三个实验均为阳性，那么就可以认为该患者是EIEC感染啦。

EIEC的感染过程包括上皮细胞渗透、内吞液泡裂解、细胞内增殖、通过细胞质的定向运动和延伸到邻近的上皮细胞。与其他大肠埃希菌兄弟不同，EIEC是一种真正的细胞内病原体，能够在上皮细胞和巨噬细胞内入侵和复制。EIEC不产生肠毒素，但是它的侵袭性却不能忽视。其侵袭性与其携带的特殊基因有关，该基因除了侵袭和在上皮细胞内扩散外，还诱导巨噬细胞的细胞凋亡[3]。

EIEC的侵袭性就如同一个拿着大锤子四处乱砸的怪兽。EIEC侵入结肠上皮细胞后会被人体的免疫系统察觉，于是巨噬细胞登场，吞噬这些坏蛋。但EIEC可以狡猾地从吞噬细胞的吞噬体中逃逸，这种行为会促进巨噬细胞凋亡。它们在被吞噬后，会随着吞噬细胞游走，等到它们逃出吞噬细胞的监狱，就会马上破坏当地的细胞。它们还会利用机体原本正常的结构，当作它们的快速通道，边走边“砸”，正常的组织结构都会被它们破坏成废墟。然而我们的免疫军队战斗能力也不差，受感染的小肠上皮细胞和巨噬细胞可促使中性粒细胞募集到感染部位，这些中性粒细胞可以将四处打砸的EIEC绳之以法。

EIEC感染的潜伏期为10~18小时，病程通常为12天。特征表现是伴有发热和腹部绞痛的严重血性和黏液性腹泻，但大多数患者只出现水样腹泻。轻度感染的健康个体通常无须特殊治疗即可康复，重症患者可能发生危及生命的并发症，包括低血糖、菌血症、败血症、溶血性尿毒症综合征，导致急性肾衰竭和中毒性巨结肠。与其他以严重水样腹泻为特征的肠道感染（即轮状病毒、ETEC、霍乱弧菌）不同，EIEC不太可能诱发大量排泄，所以脱水和电解质失衡不太常见[4]。

EIEC主要在发展中国家流行，特别是在卫生条件差的国家，通常为散发病例，与旅行有关，通过粪口途径或通过受污染的食物和水直接在人与人之间传播，可引起较大儿童和成人痢疾样腹泻。因此只要我们注意卫生，饭前便后洗手，是不会给EIEC这个破坏大王可乘之机的[5]。

参考文献

[1] BELOTSERKOVSKY I，SANSONETTI P J. Shigella and Enteroinvasive *Escherichia Coli* [J]. Current Topics in Microbiology Immunology，2018，416：1-26.

[2] NATARO J P，KAPER J B. Diarrheagenic *Escherichia coli* [J]. Clinical Microbiology Reviews，1998，11（1）：142-201.

[3] KAPER J B，NATARO J P，Mobley H L. Pathogenic *Escherichia coli* [J]. Nature Reviews Microbiology，2004，2：123-140.

[4] NEWITT S，et al. Two Linked Enteroinvasive *Escherichia coli* Outbreaks，Nottingham，VK，June 2014 [J]. Emerging Infectious Diseases，2016，22（7）：1178-1184.

[5] 吴炎农 . 致泻性大肠埃希菌致病型分类及检测方法研究进展 [J]. 应用预防医学，2022，28：298-302.

9. 肠出血性大肠埃希菌
——会破坏血管的忍者

在人类对大肠埃希菌的认识史上，1982年无疑成为一个不平凡的年份。这一年，一场出血性结肠炎袭击了美国。研究人员从中分离出了一种新型的大肠埃希菌，即EHEC。它能产生一种特殊的细胞毒素，使肠黏膜细胞坏死，并且可以攻击人体的血管细胞，导致血管破裂，从而引起肠出血性腹泻。同时它也可能破坏神经系统，会让患者出现心律不齐、惊厥等症状。研究人员发现，1982年在美国发生的EHEC感染性腹泻的暴发，是由食用某快餐连锁店被感染的汉堡引起的。

EHEC究竟为何如此厉害？它的传播途径是什么？我们要怎么预防呢？让我们一起来探索EHEC吧。

EHEC的特殊武器是类志贺样毒素（Shiga-Like toxin，SLT）。因SLT能使非洲绿猴肾细胞（Vero细胞）变性、溶解、死亡，故又称Veto毒素，简称VT。在细菌产生的毒素中，VT为最强毒素之一，由此可见EHEC的特殊武器攻击性十分强。但VT毒素的耐热性不是很好，当它被加热到98℃时，15分钟便可被灭活。

EHEC从被感染的食物中进入人体，到达肠腔后，借助表面的菌毛黏附在肠细胞表面。固定住之后，EHEC就会向细胞内注射VT毒素，毒素进入细胞并抑制正常细胞蛋白质的合成，损害肠上皮细胞，而被损害的重点部位是结肠与盲肠。如果这时医生用肠镜观察结肠与盲肠，就可以见到被感染的部位的肠黏膜有弥漫性出血、溃疡。除肠上皮细胞，VT毒素还可以攻击血管内皮细胞、肾和神经组织细胞。如果VT毒素损害血管内皮细胞、红细胞和血小板，就会导致溶血性尿毒症。而它攻击肾脏所产生的广泛性肾小管坏死可导致急性肾衰竭。对于神经系统来说，VT毒素的作用会使副交感神经的兴奋性增强，可出现窦性心动过缓及惊厥。此外，VT毒素还刺激内皮细胞释放凝血因子，让人体的血液处于易凝状态，从而出现血栓形成性血小板减少及血小板减少性紫癜[1]。

然而，虽然EHEC厉害，但它的传播途径却十分有限。目前研究发现EHEC主要有三种传播途径：食物传播、水源传播、亲密接触传播。

EHEC的食物传播大概占总传播数的70%。动物来源的食物，如牛肉、鸡肉、牛奶、奶制品等是经食物传播的主要因素。尤其是在动物屠宰过程中，这些食物更易受到寄生在动物肠道中的细菌的污染。另外，其他食品，如蔬菜、水果等被污染也可造成EHEC爆发。食品污染可发生于生产、加工、包装、运输和储存等各个环节。食物引起传播的主要原因是加工时间不充分或温度不够高。1991年、1993年、1996年在美国暴发的EHEC感染被证明与食用被污染的苹果汁和苹果酒有关。1996年5月至8月在日本发生的世界上最大的一起EHEC感染，可疑食物是牛肉和工业化生产的蔬菜。因而很多国家将EHEC引起的感染性腹泻归为食源性疾病[2]。

1989年，在美国密苏里州发生的一起EHEC感染，共发病240多人。调查表明，该起疫情可能是饮用水被污染所致。加强饮用水源的消毒管理后，疫情得到了控制。1989年12月至1990年1月，在加拿大某镇，也是发生了一起

EHEC感染疫情，在该镇2000多名居民中，发病243人，发病率为11.6%。这次疫情经证实原因为水源污染：天气寒冷，供水管道堵塞，从而市政供水系统受污染。除饮用水受到污染可造成感染外，其他被EHEC污染的水体（如游泳池、湖水及其他地表水等）都可造成传播。这也进一步说明了EHEC在自然环境中的生存能力较强，引起人类感染可能并不需要在外环境中进行增菌[3]。

人与人之间的密切接触也可引起EHEC的传播。一个人感染了EHEC后，常通过密切接触的方式把细菌传染给其父母、子女、兄弟姐妹或其他与之密切接触的人，如老师、朋友、亲戚等。在医院里，也发生了多起由于护士照料患者而感染EHEC的报告，并且得到了病原学上的支持。值得注意的是，在人与人之间的传播过程中，二代患者症状往往较轻，很少出现出血性肠炎，这可能是由于接触传播时感染剂量小或经人传代后细菌毒力减弱导致的。

了解了EHEC的传播途径，我们就可以从根源上避免被它感染。在日常生活中，我们要注意饮食和饮水安全，不要吃来路不明的食物、三无产品、可能被污染的食物等。食物加热时要注意加热时间，尽量不要生吃肉类制品。同时，我们也要注意个人卫生，饭前便后洗手。知己知彼，不给EHEC可乘之机。

参考文献

[1] 徐建国，程伯鲲，冯丽萍，等．肠出血性大肠埃希菌 O157：H7 引起的溶血性尿毒综合征患者血清抗体调查 [J]. 中华流行病学杂志，2002（2）：39-43.

[2] 刘华．肠出血性大肠埃希菌 O157：H7 病原学及流行病学特征 [J]. 职业与健康，2011，27（14）：1661-1663.

[3] 许文香，陈翠萍，曾明．肠出血大肠埃希菌 O157：H7 与食品安全 [J]. 卫生研究，2006（4）：527-528.

10. 肠聚集性大肠埃希菌
——爱叠罗汉的小个子

1987年，EAEC在秘鲁利马的一名儿童粪便中首次被发现。此后，它与生活在EAEC流行地区的儿童、人类免疫缺陷病毒感染者的持续性腹泻密切相关，并且是来自工业化国家访问世界欠发达地区的旅行者腹泻的主要原因之一。

EAEC的特点是能够紧密聚集并黏附在宿主细胞表面，同时在非生物表面（如组织培养板）也能形成附着。在这种生长条件下，EAEC菌落在光学显微镜下呈现出类似于“堆叠的砖块”的形态。EAEC的发病机制依赖于其对肠细胞的黏附能力、肠毒素和细胞毒素的产生，以及诱导炎症反应的能力[1]。

EAEC主要感染人体空肠、回肠和结肠的上皮细胞。首先它通过表面的聚集黏附菌毛和释放的黏附因子使细菌黏附于肠上皮细胞。它们在黏附的同时大量聚集，也就是“叠罗汉”，会在肠黏膜表面形成一个“细菌被”。之所以叫“细菌被”，是因为有大量EAEC聚集，并且会分泌多种物质，它们互相连接，像一床被子一样，覆盖在肠上皮细胞表面。我们称这种“细菌被”为生物被膜。以生物被膜形式存在的细菌不同于浮游细菌，它们对抗生素等杀菌剂、恶劣环境及宿主免疫防御机制有很强的抗性，生物被膜内的细菌在生理、代谢、对底物的降解或利用和对环境的抵抗能力等方面都有独特的性质。因此，感染EAEC的患者更易出现营养不良、黏液便等症状。

EAEC也会向正常细胞内分泌多种毒素，不同的毒素分工也是不同的。有的毒素会破坏正常细胞结构，使细胞大量死亡；而有的毒素则可以引发全身的炎症反应[2]。随着人们对EAEC研究的不断深入，科学家发现其不仅会引起急性和持续性腹泻，而且还可以持续存在于人体肠道中，在没有痢疾的情况下诱发慢性炎症。这种持续感染导致的肠道功能慢性紊乱与营养不良与儿童身体和智力发育减退有关。反过来，营养不良，包括微量营养素的缺乏，进一步助长了感染，使感染、营养不良和发育缺陷的循环永久化，通过在急性腹泻病的并发症中增加发育缺陷来增加疾病的负担[3]。

而EAEC的感染主要还是通过食物传播，并且好发于儿童中。该菌易感染营养不良儿童和免疫力低下的人群。该类人群由于黏膜的损伤不能及时修复而出现持续性腹泻。多数EAEC感染患者会有胃肠道不适症状，如腹痛、恶心、呕吐、低热、水样便或便中带血或者黏液，但并非所有患者均出现这些疾病体征。从EAEC感染至发生腹泻的时间为8~18小时，这与宿主的遗传易感性和免疫抵抗力有关。有学者研究表明，发展中国家EAEC感染引起腹泻的发病率为15%，发达国家为4%。EAEC感染的危险因素包括食物、水源和不良卫生习惯等。因此，日常生活中，我们在注意食物卫生的同时，还要注意个人卫生，预防EAEC感染[4]。

参考文献

[1] OKHUYSEN P C，DUPONT H L. Enteroaggregative *Escherichia coli*（EAEC）：A Cause of Acute and Persistent Diarrhea of Worldwide Importance [J]. The Journal of Infectious Diseases，2010，202（4）：503-505.

[2] 沈定树，周雪艳 . 肠聚集性大肠埃希菌的研究进展 [J]. 临床检验杂志，2010，28（3）：215-217.

[3] STEINER T S，LIMA A A，NATARD J P，et al. Enteroaggregative *Escherichia coli* Produce Intestinal Inflammation and Growth Impairment and Cause Interleukin-8 Release from Intestinal Epithelial Cells [J]. The Journal of Infectious Diseases，1998，177（1）：88-96.

[4] HUANG D B，NATARO J P，DUPONT H L，et al. Enteraggregative *Escherichia coli* is A Cause of Acute Diarrheal Illness：A Meta-anaylsis [J]. Clinical Infectious Disease，2006，43（5）：556-563.

11. 同时作恶，多种机制的联合

致泻性大肠埃希菌一家五兄弟各个身怀绝技，叱咤江湖各领风骚数百年。直至2011年的5月，德国卫生当局报告该国正引爆一波称为“溶血性尿毒综合征（HUS）”的重症疫情。奇怪的是，以往的大肠埃希菌感染症状通常比较轻微，而这次疫情全面扩散甚至导致多人死亡。经过不懈努力，科学家们终于揪出了这波疫情的罪魁祸首——O104：H4型大肠埃希菌。

针对这些病原体的基因组序列研究发现，这些O104：H4型大肠埃希菌均为EAEC菌株且存在克隆传播。编码EAEC的毒力因子位于一个名为pAA的毒力质粒上。神奇的是，这些流行克隆还从未知来源处获得了一种携带编码志贺毒素基因*stx*的λ噬菌体[1]，并最终促成了一种新型的EHEC/EAEC杂合致病型（hybrid pathotype）大肠埃希菌的出现。

这种O104：H4型大肠埃希菌到底有着怎样的超能力，竟能掀起如此轩然大波？

一方面，O104：H4型大肠埃希菌具有与EAEC相同的黏附表型，这归因于pAA质粒上*AggR*基因编码的几种不同的疏水聚集绒毛，称为聚集黏附束状毛（AAF）。同时，该基因编码一种被称为分散蛋白的蛋白质，它们附着在大肠埃希菌细胞壁的脂多糖上，并调节AAF细丝的结构。在分散蛋白缺失突变体中，这些细丝在细菌表面坍塌，增加了与邻近细菌的相互作用，导致细菌与宿主细胞高度黏附[2]。

另一方面，*stx*基因的获得使O104：H4型大肠埃希菌如虎添翼。*stx*基因编码的志贺毒素是已知最强的细菌毒素之一，可抑制蛋白质合成，最终导致受影响的组织细胞发生凋亡。在噬菌体增殖过程中，其基因组大量复制，大大增加了*stx*基因的表达。受感染细菌细胞的裂解使其产生的毒素得以释放。此外，释放的含有*stx*基因的子代噬菌体可以继续感染易感宿主，从而进一步促进志贺毒素的产生。可见，噬菌体和质粒为病原体贡献了基本的毒力基因，AAF增强了病原体定植肠道的能力，并且能够损伤肠上皮细胞，使产生的志贺毒素从肠道被吸收进入全身，导致出血性腹泻、溶血性尿毒综合征等。

自2011年O104：H4型大肠埃希菌首次露面后，杂合致病型大肠埃希菌的报道层出不穷。编码致泻性大肠埃希菌毒力的基因可能通过质粒、噬菌体、致病性岛和转座子在不同菌株中互相传递，而毒力基因的高流动性可以促成毒力基因发生新的组合，从而导致致泻性大肠埃希菌杂交菌株的出现。接下来要"粉墨登场"的是肠致病性产肠毒素大肠埃希菌（EPEC/ETEC杂交菌株）和产志贺毒素的产肠毒素大肠埃希菌（STEC/ETEC杂交菌株）。

说起肠致病性产肠毒素大肠埃希菌，首先要提的是这类菌株的标志性毒力标识，包括EPEC的*eae*基因、携带EPEC黏附因子的质粒及ETEC的*elt/est*基因。

作为EPEC和ETEC杂交菌株，肠致病性产肠毒素大肠埃希菌是否携带更多毒力更具杀伤力？毋庸置疑，是的。EPEC菌株*eae*基因编码的毒力蛋白称为内膜蛋白，该蛋白在细菌附着于宿主细胞表面的过程中发挥着极为重要的作用，最终导致宿主细胞刷状缘微绒毛的附着和脱落（即A/E损伤），帮助细菌破坏黏膜屏障，使毒素更容易进入循环系统。EPEC黏附因子质粒编码的成束菌毛（BFP），利于菌株黏附。此外，通常位于ETEC菌株中的含*elt/est*基因的质粒可编码粘连素，进而增强细菌在宿主体内的附着，促进定植；而*elt*基因编码的热不稳定毒素（LT）和*est*编码的热稳定毒素（ST），对小肠内的水和电解质分泌或吸收产生影响，进而引起水样腹泻[3]。

接下来要介绍的是产志贺毒素的产肠毒素大肠埃希菌。这类菌株既能产生志贺毒素，又具有ETEC菌株的特征，含有携带*elt/est*基因的质粒，能够编码LT和ST。值得一提的是，所有杂交菌株均含有部分黏附相关基因[3]如*eaeH*、*yfaL*、*ecpA*和*fimH*，当菌株缺乏ETEC定植因子时，这些基因可能有助于黏附，在菌株的致病过程中发挥重要作用。这类杂交菌株亦可导致严重腹泻，甚至出现溶血性尿毒综合征，其威力可见一斑。

正如达尔文的生物进化论所述，“物竞天择，适者生存”。伴随人类漫长的进化历程，致泻性大肠埃希菌正以肉眼不可见的速度迭代更新。毒力更强的杂交菌株的出现，是菌株进化的必然产物，一旦暴发流行势必会对人类健康造成严重威胁。那我们是不是就束手无策，只能坐以待毙？显然不是，我们要做的是时刻保持一颗敬畏的心，防患于未然，加强对这类菌株的分子流行病学监测，随时做好反击的准备。

参考文献

[1] MUNIESA M，HAMMERL J A，HERTWIG S，et al. Shiga toxin-producing *Escherichia coli* O104：H4：A New Challenge for Microbiology [J]. Applieal and Environmental Microbiolog，2012，78（12）：4065-4073.

[2] NATARO J P，KAPER J B. Diarrheagenic *Escherichia coli* [J]. Clinical Microbiology Reviews，1998，11（1）：142-201.

[3] NYHOLM O, HALKILAHTI J, WIKLUND G, et al. Comparative Genomics and Characterization of Hybrid Shigatoxigenic and Enterotoxigenic *Escherichia coli* (STEC/ETEC) Strains [J]. PLOS One, 2015, 10 (8) : e0135936.

12. 朗朗乾坤下无处遁形

有那么一群“坏蛋”细菌，它们个个身怀绝技，或藏于食物，或匿于水源，于暗处虎视眈眈，一旦发现机会就伺机出动，引发骚乱。它们就是致泻性大肠埃希菌。在见识了致泻性大肠埃希菌的狡猾和危险后，微生物学家们又是如何将这些躲在暗处的敌人绳之以法的呢？且来慢慢分解。

致泻性大肠埃希菌常见于污染的肉类及肉制品、奶及奶制品、蛋及蛋制品、蔬菜、水果和饮料等食物中，因此食物中毒往往与之密切相关。为了“统一战线”一致对抗这些“坏蛋”细菌，有关部门出台了一项国家标准文件GB 4789.6—2016《食品安全国家标准　食品微生物学检验　致泻大肠埃希氏菌检验》[1]。简单说来，致泻性大肠埃希菌的检测流程如下：首先用营养均衡的营养肉汤进行第一步“无差别”增菌，使细菌细胞调整到最佳状态并达到一定的数量，继而转接到肠道增菌肉汤中进行选择性增菌，这种肉汤中的牛胆盐和煌绿为选择性抑菌剂，能够抑制革兰阳性菌和非肠道菌群的生长，有利于肠道菌群的生长；增菌结束后，利用选择性培养基麦康凯琼脂和伊红美蓝琼脂对大肠埃希菌进行分离纯化，挑取可疑菌落进行生化试验鉴定菌种，确认是大肠埃希菌后再应用PCR对毒力基因进行确认，最后进行血清学试验确定血清型别。

麦康凯琼脂上分解乳糖的典型菌落呈红色，培养基周围有胆盐沉淀环；而不分解乳糖的菌落为无色或淡粉色。伊红美蓝琼脂上分解乳糖的典型菌落为黑色中心或不带金属光泽，而不分解乳糖的菌落为无色或淡粉色。按照国家标准，挑选可疑菌落时需要在每块琼脂平板上分别选取10~20个乳糖发酵和乳糖不发酵的菌落进行后续的生化反应。典型的大肠埃希菌生化特性包括三糖铁琼脂斜面产酸或不产酸，底层产酸，不产硫化氢；不产生尿素酶，不能分解尿素；能够分解蛋白胨中的色氨酸，生成吲哚，表现为靛基质试验阳性；不能利用氰化钾。

符合大肠埃希菌生化特征的菌落会进一步应用PCR检测毒力特征，并根据毒力基因检测结果让菌株“认祖归宗”。除共性基因*uidA*外，致泻性大肠埃希菌五兄弟的毒力基因各不相同。EPEC通常表现为*escV*或*eae*阳性，*bfpB*阳性；而EHEC则表现为*escV*或*eae*阳性，*stx*1阳性，*stx*2阳性；EIEC经常携带*invE*或*ipaH*；ETEC则携带*lt*、*stp*、*sth*三种毒力基因；而EAEC多表现为*astA*、*aggR*和*pic*三种毒力基因阳性。

经PCR验证确认为致泻性大肠埃希菌的菌落，微生物学家会进行血清学试验进一步确认菌株的血清型别。但值得注意的是，血清学试验是选做项目，因为血清型与PCR结果不符合的情况常有出现。大肠埃希菌的血清分型是基于菌体抗原（O抗原）、表面抗原（K抗原）和鞭毛抗原（H抗原）来进行的，而这些抗原并不是菌株致病的原因，因此可能出现不同的致泻性大肠埃希菌型别表现为相同的血清型别。类似地，同一类别的致泻性大肠埃希菌也可能表现出不同的血清型别。

近年来，分子生物学技术的进步使得致泻性大肠埃希菌的检测从“小米加步枪”的传统方法进入到了“加特林”加持的快速检验时代。目前，针对致泻性大肠埃希菌的分子生物学检测方法主要包括PCR方法、DNA探针杂交技术和基因芯片技术。PCR技术相当于一个信号放大器，在扩增反应过程中将信号不断放大，具有灵敏快速的优点，是国家标准文件中推荐的致泻性大肠埃希菌确认方法。目前，多重PCR技术是应用最广泛的方法，可以在同一反应体系中同时进行多种目的基因的检测。实时荧光定量PCR技术其实是在PCR反应中加入荧光基团，通过实时监测和连续分析荧光信号来反映待测样品中目标基因的含量，这种技术略过了普通PCR方法后续烦琐的电泳分析过程，具有更加简便灵敏的特点。而DNA探针杂交技术则是利用同位素、生物素、荧光素酶等标记DNA探针，然后将探针与样品DNA共孵育，当待测样品中含有目标片段时，探针就能与目标片段结合发出特定的信号，使隐匿的致泻性大肠埃希菌无处遁形。基因芯片技术在食源性致病菌检测领域已有广泛的应用。有科学家设计了*eaeA*、*stx*1、*stx*2、*flic*、*cfbE*和*ipaH*等毒力基因的探针，用多重PCR扩增产物进行杂交，可以成功实现对多种毒力基因的检测并判断致泻性大肠埃希菌类型。这些分子生物学检测技术的发展极大地缩短了致泻性大肠埃希菌的检测时间，显著提高了检测灵敏度和特异性。

天网恢恢，疏而不漏。传统检测方法和先进的分子生物学检测手段并驾齐驱，致泻性大肠埃希菌难逃法眼。一旦发现致泻性大肠埃希菌的蛛丝马迹，公共卫生学家们就会以最快的速度采取措施，将这些“坏蛋”细菌对食品安全领域的威胁降到最低程度。

参考文献

[1] 中华人民共和国国家卫生和计划生育委员会，国家食品药品监督管理 . 食品安全国家标准 食品微生物学检验 致泻大肠埃希氏菌检验：GB 4789.6—2016 [S]. 北京：中国标准出版社，2017.

[2] 王凯，刘琪琦 . 致泻性大肠埃希菌毒力基因及检测方法研究进展 [J]. 军事医学，2013，37（3）：234-237.

13.“独门武功”打败恶人团伙

通过前文的介绍，我们已经知道致泻性大肠埃希菌五兄弟各有各的杀手锏，十八般武艺威力无穷。如果你以为它们只会让你拉拉肚子排排毒，那就大错特错啦。腹泻是儿童尤其是发展中国家儿童的主要“杀手”，仅2013年一年就导致至少130万人死亡，到2016年这个数字增加到160万人，2019年腹泻在全球5岁以下儿童死亡原因中的比例高达9%，这意味着每天有1300名幼儿因为腹泻而死亡。因此，及时有效的治疗方法，包括维持水盐平衡和抗生素治疗，对于严重的持续性腹泻患者尤为重要。

然而，棘手的是，摆在医生面前供他们选择的抗菌药越来越少，因为抗生素的不合理使用导致越来越多的耐药菌株出现，氨苄西林、环丙沙星、复方新诺明等一线抗菌药的疗效已经大不如从前。

武汉地区的一项研究发现，2015—2016年，5岁以下患急腹症的儿童中致泻性大肠埃希菌的检出率为7.9%[1]。这些致泻性大肠埃希菌对不同的抗生素均表现出不同程度的耐药性，对氨苄西林、复方新诺明、头孢唑林、头孢呋辛、头孢他啶和环丙沙星的耐药率均高于50%。更令人担忧的是，66.7%的菌株对三种或三种以上抗生素同时耐药。对头孢菌素耐药的菌株中，93.3%产生超广谱β-内酰胺酶（Extended-Spectrum β-Lactamases，ESBLs），其中，$bla_{\text{TEM-1}}$和

$bla_{CTX-M-55}$是最常检出的编码ESBLs的耐药基因。ESBLs是一类能够水解青霉素类、头孢菌素类及单氨酰类抗生素的β-内酰胺酶，它们的活性能被某些β-内酰胺酶抑制剂所抑制。碳青霉烯类是比头孢类更高级的抗生素，具有更广的抗菌谱，更强的抗菌活性，被誉为临床抗感染的“王牌药物”。这项研究中，研究者们还从儿童体内分离到3株对碳青霉烯类抗生素耐药的致泻性大肠埃希菌，其中2株携带编码NDM型金属酶的bla_{NDM-1}，1株携带编码KPC型碳青霉烯酶的bla_{KPC-2}。NDM型金属酶和KPC型碳青霉烯酶都是能水解碳青霉烯类抗生素的“破坏分子”。

国内有研究者对2020年度收集的91株食品来源的致泻性大肠埃希菌分离株进行研究发现，这些菌株总体耐药率高达76.92%，氨苄西林和复方新诺明的耐药率最高，分别为69.23%、59.34%，且47.25%的菌株对三种或三种以上抗生素同时耐药[2]。

无独有偶，国外的耐药形势也不容乐观。在爱尔兰，感染性腹泻的儿童患者中致泻性大肠埃希菌的分离率达35.1%，萘啶酸的耐药率最高为93.7%，氨苄西林为90.6%，四环素为78.1%。此外，78.1%的菌株对三种或三种以上抗生素耐药，56.2%的菌株携带ESBLs编码基因[3]。发展中国家和地区的情况更为严重，肯尼亚的一项长达4年的研究发现，5岁以下儿童分离的致泻性大肠埃希菌绝大部分呈多药耐药状态，其对复方新诺明耐药率为97.6%，阿莫西林为97.6%[4]。在印度，29%的腹泻住院患者中检出致泻性大肠埃希菌[5]，这些菌对一线抗生素的耐药率相当高，氨苄西林耐药率为97.3%，复方新诺明为95.95%，氯霉素为41.89%，庆大霉素为51.81%，阿米卡星为41.89%。

美国疾病控制与预防中心黄皮书（2020）推荐福喹诺酮类抗生素（如环丙沙星）、大环内酯类（如阿奇霉素）和利福霉素类（如利福平）等用于治疗非产志贺毒素型致泻性大肠埃希菌的治疗。尽管致泻性大肠埃希菌耐药形势严峻，幸运的是这些菌株大多产生ESBLs，含酶抑制剂的复合制剂仍可作为一种选择，这类药物的选用可恢复菌株对头孢类抗菌药物的敏感性。

作为普通人，防患于未然必然是上上策。目前尚无有效的针对致泻性大肠埃希菌的疫苗，那我们又该如何做好防范呢？民以食为天，我们首先要注意食品和饮水卫生。不吃生的或加热不彻底的牛奶、肉等动物性食品，不吃不干净的水果、蔬菜，剩余饭菜食用前要彻底加热，生熟分开防止交叉污染。其次，个人卫生很重要。饭前便后，接触生肉、牛奶、蔬菜、水果等也均需要洗手，WHO推荐的六步清洁洗手法要牢记。最后，还应避免与患者密切接触，无法避免接触时要特别注意个人消毒。值得一提的是，由于很多产志贺毒素大肠埃希菌感染的病例都有野外湖泊或河流游泳/戏水的接触史，所以保护这类水域和饮用水源使其不受动物粪便的污染也很重要。

▲ 防患于未然的措施

参考文献

[1] ZHOU Y，ZHU X H，HOU H，et al. Characteristics of Diarrheagenic *Escherichia coli* Among Children Under 5 Years of Age with Acute Diarrhea：A Hospital Based Study [J]. BMC Infectiass Diseases，2018，18（1）：63.

[2] HU Y J，XZAO Y，DONG S J，et al. Antimicrobial Resistance and Plasmid-mediated Colistin Resistance Mechanism of Diarrheagenic *Escherichia coli* Recovered from Foods in Parts of China in 2020 [J]. Zhonghua Yu Fang Yi Xue Za Zhi，2023，57（4）：557-565.

[3] ABBASI E，NONDANIZADEH M，BELKUM A V，et al. Multi-Drug-Resistant Diarrheagenic Escherichia coli Pathotypes in Pediatric Patients with Gastroenteritis from Central Iran [J]. Infection and Drug Resistance，2020（13）：1387-1396.

[4] SHAH M，KATHIIKO C，WADA A，et al. Prevalence，Seasonal Variation，and Antibiotic Resistance Pattern of Enteric Bacterial Pathogens Among Hospitalized Diarrheic Children in Suburban Regions of Central Kenya [J]. Tropical Medicine and Health，2016（44）：39.

[5] VERMA S，VENKATESH V，KUMAR R，et al. Etiological Agents of Diarrhea in Hospitalized Pediatric Patients with Special Emphasis on Diarrheagenic *Escherichia coli* in North India [J]. Journal of Laboratory Physicians，2019，11（1）：68-74.

沙门菌

——招致食物中毒的惯犯

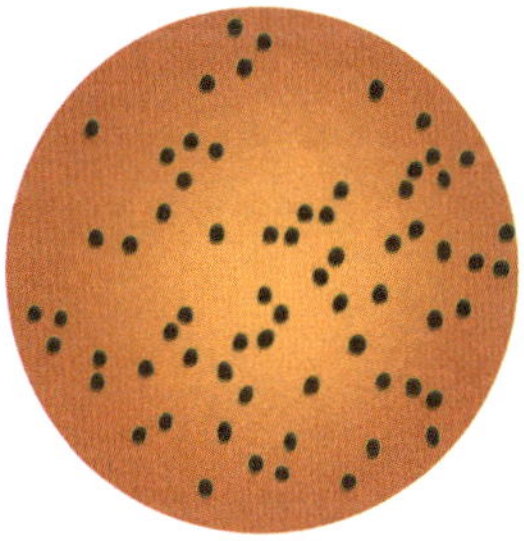

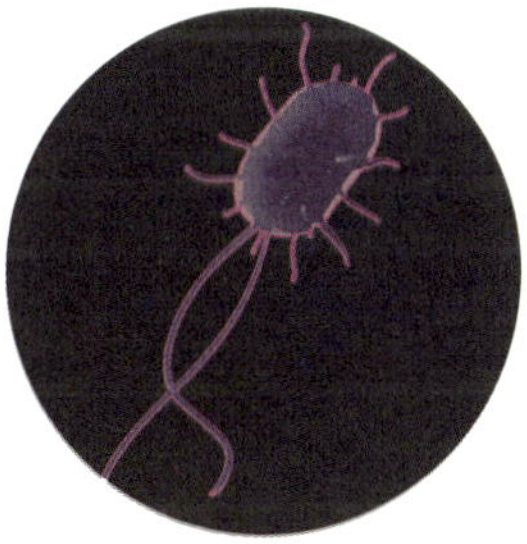

14. “肠”驱直入四处破坏的首席刺客

小薇最近乐极生悲，为了犒劳加班加点完成工作计划的自己，下班后和团队的同事相约去日料店大快朵颐。期间一份小火慢炖的牛肉寿喜锅配上新鲜的生鸡蛋液，入口细腻丝滑。然而，半夜小薇被阵阵腹部绞痛疼醒，不时地奔向洗手间一泻千里。倒霉的是，尽管小薇吃了止泻药，这种不停腹泻的情况还是持续了3天，甚至开始浑身发热。小薇觉得不能再拖延了，于是去医院肠道门诊就诊。医生开具了粪便检查和抗生素医嘱。3天后，小薇收到的来自医院的电子报告单显示，粪便培养出沙门菌。

沙门菌是一种条件性细胞内寄生的革兰阴性杆菌，和大肠埃希菌同属于肠杆菌目肠杆菌科。然而沙门菌属“家族成员”非常庞大，肠沙门菌进一步分为6个亚种，迄今全球已鉴定出2500余种血清型[1]。

但是，不同于大肠埃希菌，沙门菌是一种常见的人兽共患病原菌，因各种类型沙门菌引起的疾病，被专门赋予了“沙门菌病”的总称。

沙门菌不愧于“肠道首席刺客”这一戏称。WHO报告，沙门菌是腹泻病的四大全球病因之一。2015年，WHO认定沙门菌为引起人类重大疾病和死亡的食源性病原体[2]。据估计，每年全球有28亿例腹泻病例是由沙门菌感染导致[3]。其中非伤寒沙门菌（non-typhoidal Salmonella，NTS）是大多数国家最常见的食源性致病菌，每年造成全球9000万例沙门菌病，造成15.5万人死亡[4]。中国每年有987万例由沙门菌引起的胃肠炎[5]，细菌性食物中毒中70%~80% 是由沙门菌引起，而引起沙门菌中毒的食品中，有90%以上是禽肉类等动物源性食品[6]。人类感染沙门菌病通常会出现急性发热、腹部疼痛、腹泻、恶心，有时会有呕吐。

禽畜感染沙门菌可引起如猪霍乱、鸡白痢等传染病。一般情况下畜禽肠道带菌率比较高，当动物因患病、衰弱、营养不良、疲劳以致抵抗力降低时，肠道中的沙门菌即可经肠系膜淋巴结和组织进入血液引起全身感染，甚至死亡。例如，猪霍乱沙门菌可引起仔猪副伤寒，急性病例可出现败血症变化，死亡率相当高；慢性病例产生坏死性肠炎，影响猪的生长发育。鸡白痢沙门菌主要侵害雏鸡，引起败血症，可造成大批患鸡死亡。在成年母鸡中则主要引起孵巢炎，卵黄内可带菌并传给幼雏。

虽然所有沙门菌血清型均可使人类患病，但某些血清型具有特定宿主性，只能在一种或几种动物身上定植。例如，肠沙门菌都柏林血清型的宿主是牛，肠沙门菌猪霍乱血清型的宿主是猪。当这些特定血清型的沙门菌在人群中致病时，往往具有较强的侵袭性，可能会危及生命。一般来说，多数血清型存在多种宿主，最典型的是肠沙门菌肠炎血清型和肠沙门菌鼠伤寒血清型，二者是世界上多区域沙门菌从动物向人类传播的最重要且最主要的两种血清型。这两种血清型会导致胃肠炎，通常情况下病症并不复杂也不需要治疗，但年幼儿童、老人和免疫力下降患者会出现重症。

参考文献

[1] KURTZ J R，GOGGINS J A，MCLACHLAN J B. Salmonella Infection：Interplay Between the Bacteria and Host Immune System [J]. Immunology Letters，2017，190：42-50.

[2] GODÍNEZ-OVIEDO A，TAMPLIN M L，BOWMAN J P，et al. Salmonella Enterica in Mexico 2000—2017：Epidemiology，Antimicrobial Resistance，and Prevalence in Food [J]. Foodborne Pathogens and Disease，2020，17（2）：98-118.

[3] GUT A M，VASILJEVIC T，YEAGER T，et al. Salmonella Infection Prevention and Treatment by Antibiotics and Probiotic Yeasts：A Review [J]. Microbiology（Reading，England），2018，164（11）：1327-1344.

[4] BULA-RUDAS F J，RATHORE M H，MARAQA N F. Salmonella Infections in Childhood [J]. Advances in pediatrics，2015，62（1）：29-58.

[5] WEI X Y，YOU L，WANG D，et al. Antimicrobial Resistance and Molecular Genotyping of Salmonella Enterica Serovar Enteritidis Clinical Isolates from Guizhou Province of Southwestern China [J]. PloS one，2019，14（9）：e0221492.

[6] 翁蕊，辜依海，张微 . 食源性沙门菌流行趋势及耐药性研究进展 [J]. 食品安全质量检测学报，2021，12（9）：3542-3549.

15. 揭秘人畜禽无差别攻击的一条龙产业链

小薇自从收到了医院粪便培养项目的电子报告单，得知导致自己腹泻到虚脱，甚至开始昏昏沉沉地发起高热的罪魁祸首是沙门菌后，就开始不停地回顾聚餐那天究竟吃了些什么。小薇将自己的经历分享到同事聊天群中，得知一起聚餐的4位同事中有2位和她有相同的腹痛腹泻症状，其中1位年轻男性同事坚信自己的抵抗力，断断续续腹泻2天就逐渐好转了；另1位女性同事就没那么幸运了，她腹痛腹泻1天后，按照以往的经验服用了家中备用的头孢克肟胶囊，就逐渐好转了。小薇和2位“患难与共”的同事使用排除法，大致确定了唯独他们三人大快朵颐的食材：“无菌”生鸡蛋液蘸料。

2022年4月27日，WHO发布报告称：欧美11个国家报告了151起沙门菌感染病例，包括比利时（26例）、法国（25例）、德国（10例）、爱尔兰（15例）、卢森堡（1例）、荷兰（2例）、挪威（1例）、西班牙（1例）、瑞典（4例）、英国（65例）和美国（1例），怀疑与某品牌的巧克力引起的沙门菌感染有关。许多感染的患者出现血性腹泻症状，但尚未出现与此次疫情相关的死亡报告。据悉，涉事巧克力已被销往全球至少113个国家和地区，国际食品安全当局网络也发布了全球警报，启动了全球产品召回[1]。

沙门菌在家养和野生动物的肠道中广泛存在，多见于食用动物（禽类如鸡和鸭，畜类如猪和牛）和宠物（包括猫、狗、鸟类和龟等爬行动物）。即便在营养缺乏的情况下，沙门菌也能存活，在粪便、土壤、食品及饮用水中的存活时间可长达5个月到2年。沙门菌可在整个食物链蔓延，从动物饲料、初级生产一直到家庭或餐饮服务机构。沙门菌主要存在于蛋类、肉类和奶制品等食品中，但是在某些加工食品中也会检出沙门菌。巧克力中富含糖脂，制作工艺流程繁复，同时还存在被微生物污染的可能，特别是沙门菌。由于食品生产车间多处于半密封的状态，加之车间里人员活动、各种加工机械的使用、原料的任意堆放、含有蛋白质类的辅料使用及生产用水等，如若清理卫生不到位、消毒不过关，极易为沙门菌提供繁殖和生长的“温床”。此外，极有可能因为原料乳粉被污染沙门菌后，造成巧克力的污染。另外，因为巧克力所含的油脂能保护沙门菌不被胃酸杀灭，吃了被污染的巧克力更容易食物中毒，或出现更严重的症状。

动物感染沙门菌病主要通过粪口途径，即肠道中的沙门菌随粪便排出，后通过苍蝇和蟑螂等昆虫或其他生物作为机械性媒介污染水源和食物，被污染的水和食物被自身或其他动物摄入，病原体又经粪便再次被排出，如此连续循环传播。人类沙门菌病主要见于食用被污染的动物源食品（主要是蛋、肉、禽和奶），部分可见于食用被粪便污染的绿色蔬菜，也有可能通过粪口途径出现人际传播。需要注意的是，被沙门菌污染的食品并不会出现明显的感官变化，极易被当成健康食品食用而感染。人接触被感染的动物（包括宠物）也会感染，且这些被感染的动物往往没有疾病体征[2]。

不同年龄段的人群均可因感染沙门菌而发病，但年幼、年老体弱者等免疫力低下人群更易感染沙门菌。其感染潜伏期一般为6~72小时，主要症状有恶心、呕吐、腹泻、腹痛等，病程2~7天[2]。由于婴幼儿免疫系统较为脆弱，特别是高度易感婴儿（包括早产儿、低出生体重婴儿、免疫缺陷婴儿等），一旦被喂食受沙门菌污染的婴幼儿配方食品，极易被感染致病，出现发热、腹泻等肠炎症状，严重的可能引发败血症，甚至死亡。

虽然沙门菌病大型疫情通常会引起媒体关注，但60%~80%的沙门菌病病例其实并不属于已知疫情的一部分，而被认为是散发病例，或者压根就没有得到确诊。因此人的沙门菌感染率未明，可能远较报告病例多。而所报告者仅是沙门菌感染中的一小部分，因为细菌学检查仅在一些严重或持续腹泻的病例中进行，轻型病例和短时间暴发者因未进行检查而被忽视。

参考文献

[1] 中国数字科学馆 .【深度科普】巧克力引发疫情大爆发，沙门菌到底是什么？[EB/OL].（2022-05-11）[2023-07-23]. https：//www.cdstm.cn/gallery/zhuanti/ptzt/202205/t20220511_1069034.html.

[2] WHO. 沙门菌（非伤寒）[EB/OL].（2018-02-20）[2023-07-23]. www.who.int/zh/news-room/fact-sheets/detail/salmonella-(non-typhoidal).

▲ 沙门菌的“温床”

16. 沙门菌的祖传武器

小薇被所谓的“无菌”生鸡蛋液给打败了，更正确地说是被污染鸡蛋的沙门菌打败了，她愤愤不平。《孙子兵法·谋攻篇》有言：“知彼知己者，百战不殆；不知彼而知己，一胜一负；不知彼，不知己，每战必殆。”她觉得自己该仔仔细细了解下“敌方”的军备，免得下次还被沙门菌打得措手不及。

沙门菌的致病性是大量毒力相关因子相互作用的结果，主要包括毒力岛毒力因子、质粒毒力因子、结构性毒力因子（包括菌毛和鞭毛）、肠毒素毒力因子等。其中，沙门菌毒力岛（Salmonella pathogenicity island，SPI）是一段位于染色体上的DNA片段，含有与毒力相关的基因。这些片段在基因组中相对不稳定，可能通过水平基因转移在不同菌株间传播。迄今已发现24个SPI，研究最广的为SPI-1~SPI-6及SPI-19。其中，参与肠道感染阶段的毒力基因位于SPI-1和SPI-2中，其余的SPI则参与沙门菌在宿主细胞内存活、菌毛表达、镁和铁摄取、多重抗生素耐药性和全身感染发展等生理学过程[1]。

SPI-1大小为43kb，含有47个基因，其中有31个基因编码一种III型分泌系统（type III secretion system，T3SS），包括 19个T3SS结构基因和12个T3SS效应基因。调节SPI-1的基因有的位于SPI-1内（如*hilACD*和*invF*），有的位于SPI-1 外（如*rtsA*、*barA*、*sirA*、*csrA*、*leuO*和*fliZ* 等）。目前研究证实，SPI-1编码与

沙门菌致病力相关的基因有*avrA*、*iacB*、*invB*、*sicA*、*sicP*、*sipABC*、*sptP*，它们通过参与细菌侵入宿主细胞，引发肠道炎症及诱导巨噬细胞凋亡的过程来影响沙门菌的毒力[2]。SPI-1毒力岛上TS33的效应蛋白SopD影响多种信号和蛋白质相互作用，并有助于沙门菌对宿主的感染及胃肠炎的发展。此外，SPI-1外的正调节因子loiA对负调节因子lon的抑制有利于鼠伤寒沙门菌对小鼠肠上皮细胞的入侵和毒性的发挥[3]。

SPI-2大小为40 kb，含有72个基因和7个功能未知的开放阅读框，其中有54个基因编码另一个III型分泌系统T3SS2，包括20个T3SS结构基因，32个T3SS效应基因和2个T3SS调节基因[4]。目前研究证实，SP2-2编码的与沙门菌致病力相关的基因为*ssaBE*、*sscAB*、*sseLFG*、*ttr*，它们与细菌引发宿主全身性感染和在巨噬细胞内的存活及复制有关。最新研究表明，在发生氧化应激的沙门菌中诱导 SPI-2 基因有助于巨噬细胞内病原体对抗NOX2黄素血蛋白的抗菌活性，其依赖于 DksA、DnaJ 和DnaK蛋白的协调调控[5]。此外，沙门菌致病力的强弱和SPI-2 中的*sseL*基因密切相关，致死率高的沙门菌均携带*sseL*基因，而致病力相对较弱的沙门菌则没有检出该基因[6]。

沙门菌毒力质粒（Salmonella virulence plasmid，spv）操纵子大小为6.8 kb，广泛存在于临床重要血清型沙门菌中，含有*spvR*、*spvA*、*spvB*、*spvC*、*spvD* 5个基因，主要与血清抗性、黏附和定居、沙门菌在肠外组织细胞及巨噬细胞内存活和生长等有关[7]。其中，*spvB*基因与沙门菌的致病性密切相关，可以干扰宿主细胞自噬和铁稳态，还可以通过细胞旁途径使细菌在宿主的肠上皮屏障中移位，促进沙门菌的系统传播[8]。

在细菌感染过程中，菌毛对宿主的识别、定殖和生物膜的形成至关重要，被认为是介导沙门菌与宿主肠上皮相互作用和黏附的主要细胞器，其主要包含

agf、*bfp*、*pil*、*fim* 等基因[9]。沙门菌的鞭毛使其能在波动环境中前行，其主要包含 *fliC*、*fljB*、*flpA* 等基因[10]。沙门菌的外毒素可分为细胞毒素和肠毒素两种类型。其中肠毒素基因（*stn*）可以通过调节OmpA的膜定位来维持细菌细胞膜的组成和完整性，从而增强菌株致病性[11]。

参考文献

[1] SIRIKEN B. Salmonella Pathogenicity Islands[J]. Mikrobiyoloji Bulteni，2013，47（1）：181-188.

[2] 刘理慧，储锦华，隋雨欣，等．沙门菌中主要毒力因子的研究进展 [J]. 生物技术通报，2022，38（9）：12.

[3] JIANG L Y，LI X M，LV R X，et al. LoiA Directly Represses Lon Gene Expression to Activate the Expression of Salmonella Pathogenicity Island-1 Genes [J]. Research in Microbiology，2019，170（3）：131-137.

[4] WANG M Y，QAZI I H，WANG L L，et al. Salmonella virulence and immune escape [J]. Microorganisms，2020，8（3）：407.

[5] DOS SANTOS A M P，FERRARI R G，CONTE-JUNIOR C A. Type Three Secretion System in Salmonella Typhimurium：The Key to Infection [J]. Genes & Genomics，2020，42（5）：495-506.

[6] KIM J S，LIU L，DAVENPORT B，et al. Oxidative Stress Activates Transcription of Salmonella Pathogenicity Island-2 Genes in Macrophages [J]. Journal of Biological Chemistry，2022，298（7）：102130.

[7] CERNY O，HOLDEN D W. Salmonella SPI-2 Type III Secretion System-Dependent Inhibition of Antigen Presentation and T Cell Function[J]. Immunology Letters，2019，215：35-39.

[8] 焦旸，黄瑞．沙门菌属质粒毒力基因 spv 的研究 [J]. 国外医学（流行病学·传染病学分册），2004（2）：119-120，124.

[9] PASSARIS I，CAMBRÉ A，GOVERS S-K，et al. Bimodal Expression of the Salmonella Typhimurium *Spv* Operon [J]. Genetics，2018，210（2）：621-635.

[10] HAN Y, LEE E J. Detecting Salmonella Type II Flagella Production by Transmission Electron Microscopy and Immunocytochemistry [J]. Journal of Microbiology, 2020, 58 (4): 245-251.

[11] NAKANO M, YAMASAKI E, ICHINOSE A, et al. Salmonella Enterotoxin (Stn) Regulates Membrane Composition and Integrity [J]. Disease Model & Mechanisms, 2012, 5 (4): 515-521.

17. 持续强化装备的沙门菌的自我修养

小薇不服输地查了一堆关于沙门菌的致病性资料，看到沙门菌为了侵入敌营，身上装备了那么多的毒力基因，而这些复杂的毒力基因和相关机制令小薇眼花缭乱、眼冒金星。目前，氟喹诺酮类的环丙沙星和第三代头孢菌素头孢曲松是治疗侵袭性沙门菌感染或具有侵袭性感染风险患者的推荐药物[1]，大环内酯类的阿奇霉素可以作为替代药物[2]。然而，小薇发现近期已出现现有临床一线抗生素很难压制的沙门菌。2019年，来自刚果民主共和国国家生物医学研究所等机构的一项研究显示，刚果民主共和国境内已出现引起血流感染的泛耐药的鼠伤寒血清型肠炎沙门菌ST313亚群II.1，除对氨苄西林、复方新诺明、氯霉素耐药外，还对β-内酰胺类抗生素（包括第三代头孢菌素）、喹诺酮类抗生素和阿奇霉素有耐药性[3]。这样一来，在像刚果民主共和国这样难以获得医疗保障、医疗基础设施薄弱的地方，对免疫力天然低下的人民来说，沙门菌感染的控制和治疗变得尤为复杂。

抗生素在农业应用方面是把双刃剑，一方面，抗生素能治疗和预防动物感染性疾病；另一方面，抗生素生长促进剂通过靶向肠道胆汁盐水解酶影响动物消化和新陈代谢过程，从而导致动物体重显著增加[4]，这两点优势使得抗生素受到越来越多养殖人员的青睐，然而沙门菌在漫长的抗生素应用历史长河里，为了持续生存，也在不断地强化自身的耐药性装备，导致多重耐药菌株的不断涌现。沙门菌的耐药程度与人和动物中抗生素的用量、流行病学的地理差异及地区血清型有关。在发达国家，沙门菌的耐药性很大程度是源于对食源性动物使用抗生素[5]。2021年，欧盟发现人类检出的沙门菌对头孢噻肟和头孢他啶的耐药水平普遍较低，耐药率均为1.1%，且在2013—2021年耐药率逐渐降低，对环丙沙星的耐药率为14.9%；在食源性动物屠体中的沙门菌对头孢噻肟和头孢他啶耐药率仍处于极低水平，对环丙沙星耐药率较高[6]。而在我国部分省会城市零售肉类中沙门菌的调查研究显示，头孢噻肟和头孢他啶的耐药率分别为4.6%和11%[7]。2022年，中国耐药监测网（CHINET）的耐药监测数据显示，肠炎沙门菌和鼠伤寒沙门菌对头孢曲松的耐药率分别为12.4%和26.3%，对环丙沙星的耐药率为3.9%和9.0%[8]。

沙门菌对β-内酰胺类抗生素的耐药性主要由β-内酰胺酶介导，其中，编码超广谱β-内酰胺酶（extended-spectrum β-lactamases，ESBLs）和广谱β-内酰胺酶的bla_{TEM}基因最常被报道，其次为bla_{SHV}、bla_{CTX}和bla_{OXA}。虽然沙门菌染色体缺乏编码头孢菌素酶的基因，但已检出质粒编码的头孢菌素酶基因，如bla_{CMY}、bla_{ACC}和bla_{DHA}。大多数多重耐药的沙门菌仍对碳青霉烯类抗生素敏感，使其成为治疗沙门菌感染最后的药物。然而，少数从临床患者和动物身上分离到的不同血清型的沙门菌中检出了碳青霉烯类耐药基因（$bla_{\mathrm{KPC-2}}$、$bla_{\mathrm{OXA-48}}$、$bla_{\mathrm{VIM-1}}$、$bla_{\mathrm{NDM-5}}$）[9]。

沙门菌对喹诺酮类药物的耐药机制主要包括3个方面：染色体*gyr*和*par*基因的喹诺酮耐药决定区（quinolone resistance determining region，QRDR）突变、质粒介导的喹诺酮耐药（plasmid-mediated quinolone resistance，PMQR）、孔蛋白表达的下调和多药外排泵表达的上调。QRDR发生突变是沙门菌对喹诺酮类药物高水平耐药最常见的机制，最常报道的突变是*GyrA*：Ser83→Phe，Asp87→Gly，parC：Ser80→Ile，这使喹诺酮类药物与拓扑异构酶结合的亲和力降低[10]。PMQR主要有3种机制，包括*qnr*基因（*qnrA*、*qnrB*、*qnrS*、*qnrC*和*qnrD*）编码的蛋白可对喹诺酮的靶位产生物理性保护作用，*aac(“6”)-lb-cr*基因编码降低喹诺酮活性的修饰酶，*oqxAB*和*qepA*基因编码喹诺酮外排泵[9]。

由于氟喹诺酮类、广谱头孢菌类、碳青霉烯类是治疗沙门菌的关键抗生素，因此需要高度重视以上抗生素的耐药菌株。

参考文献

[1] MA Y，LI M，XU X B，et al. High-levels of Resistance to Quinolone and Cephalosporin Antibiotics in MDR-ACSSuT Salmonella Enterica Serovar Enteritidis Mainly Isolated from Patients and Foods in Shanghai，China [J]. International Journal of Food Microbiology，2018（286）：190-196.

[2] CRUMP J A，SJ0LUND-KARLSSON M，GORDON M A，et al. Epidemiology，Clinical Presentation，Laboratory Diagnosis，Antimicrobial Resistance，and Antimicrobial Management of Invasive Salmonella Infections [J]. Clinical Microbiology Reviews，2015，28（4）：901-937.

[3] VAN PUYVELDE S，PICKARD D，VANDELANNOOTE K，et al. An African Salmonella Typhimurium ST313 Sublineage with Extensive Drug-resistance and Signatures of Host Adaptation [J]. Nature Communications，2019，10（1）：4280.

[4] LIN J. Antibiotic Growth Promoters Enhance Animal Production by Targeting Intestinal Bile Salt Hydrolase and Its Producers [J]. Front Microbiol，2014，5：1-4.

[5] ALCAINE S D，WARNICK L D，WIEDMANN M. Antimicrobial Resistance in Nontyphoidal Salmonella [J]. Journal Food Protect，2017，70（3）：780-790.

[6] European Food Safety Authority（EFSA）; European Centre for Disease Prevention and Control（ECDC）. The European Union Summary Report on Antimicrobial Resistance in zoonotic and indicator bacteria from humans，animals and food in 2020/2021 [J]. EFSA J，2023，21（3）：e07867.

[7] YANG X，WU Q，ZHANG J，et al. Prevalence，Bacterial Load，and Antimicrobial Resistance of Salmonella Serovars Isolated from Retail Meat and Meat Products in China [J]. Front Microbiol，2019，10：1-9.

[8] CHINET 数据云 . CHINET 2022 年全年细菌耐药监测结果 [EB/OL].（2023-07-23）[2023-07-23]. http：//www.chinets.com/Data/AntibioticDrugFast

[9] 翁蕊，辜依海，张微 . 食源性沙门菌流行趋势及耐药性研究进展 [J]. 食品安全质量检测学报，2021，12（09）：3542-3549.

[10] FÀBREGA A，SÁNCHEZ-CÉSPEDES J，SOTO S，et al. Quinolone resistance in the Food Chain [J]. International Journal of Antimicrob Agents，2008，31（4）：307-315.

18. 打败沙门菌靠什么?

为了打败沙门菌，我们在日常生活和旅行期间可以遵循WHO给出的以下建议：①确保食物得到适当烹饪并趁热食用。②避免饮用未消毒奶或使用由未消毒奶制成的产品。仅饮用经巴氏消毒或煮沸的牛奶。③不食用未使用安全饮用水制成的冰。④如对饮用水的安全性存疑，就煮沸再喝。如没有条件煮沸，则需使用可靠的缓释消毒剂（通常可在药店买到）进行消毒。⑤经常使用肥皂彻底洗手，特别是在接触宠物或农场动物后及如厕后。⑥仔细清洗水果和蔬菜，特别是生吃的水果和蔬菜。如果可能，蔬菜和水果应去皮[1]。

如果是水果和蔬菜生产者，WHO 则建议：①保护田地不受动物粪便污染；②使用经过处理的粪便排泄物；③评估并管理灌溉用水风险；④收获和存储设备要保持清洁干燥；⑤保持池塘清洁；⑥管理水质；⑦保持活鱼健康；⑧使用清洁的捕获设备和容器[1]。

如果是食品操作者，WHO则建议：①专业和家庭食品操作者在备餐时均应保持警惕，并遵守相关卫生规章；②专业食品操作者如有发热、腹泻、呕吐或明显的感染性皮肤损伤，应立即向雇主报告；③WHO《食品安全五大要点》可以作为宣教方案的基础，用以培训食品加工人员并教导消费者，它们对于预防食物中毒特别重要[1]。

目前，尚没有预防非伤寒沙门菌感染的疫苗进入临床使用。对于老年人、婴幼儿和免疫力低下的易感人群，可在医生的指导下接种疫苗来预防伤寒或副伤寒沙门菌感染。目前，我国使用的疫苗为伤寒Vi多糖疫苗，此疫苗针对伤寒沙门菌的效果较好，且接种后产生的不良反应较少，但此疫苗并不适用于预防副伤寒沙门菌感染，且该疫苗只适用于2岁以上的儿童及成年人。伤寒-副伤寒甲乙三联疫苗及伤寒疫苗由于其不良反应较多，已较少使用。

伤寒杆菌Ty21a活菌疫苗为口服疫苗，该疫苗保护率较高，且具有免疫力维持久、安全性和稳定性高等优点，但由于其制备工艺和冷链技术要求相对较高，对于经济欠发达的地区，在一定程度上限制了该疫苗的推广使用。

每当夏季来临，沙门菌感染的概率逐渐升高，出现腹部绞痛、腹泻、恶心、呕吐等症状要立即就医。另外，对于老年人、婴幼儿及免疫功能较差的人群，如果出现发热（或高热）、腹泻等症状，也要及时就医诊治。出现上述症状，切不可自行随意服用药物，以免延误病情。

参考文献

[1] WHO. 沙门菌（非伤寒）[EB/OL].（2018-02-20）[2023-07-23]. www.who.int/zh/news-room/fact-sheets/detail/salmonella-（non-typhoidal）.

志贺菌

——夏秋隐匿的食源性致病菌

19. 夏秋食源性中毒凶手榜的榜二细菌

小薇聚餐后反复腹痛腹泻，不是在洗手间“放肆开闸”，就是在床上捂着肚子翻滚，她赶紧去医院。经检查，医生诊断她患有由志贺菌感染引起的细菌性痢疾。

志贺菌属（*Shigella* spp.）是一类具有高度传染性的革兰阴性肠道致病菌，可引起细菌性痢疾（简称菌痢，俗称志贺菌病）。细菌性痢疾自圣经时代就已经存在，希波克拉底引入了“痢疾肠病”这一术语用于描述这种疾病，其特征是粪便中含有血液和黏液。时至今日，临床对细菌性痢疾的定义并没有发生太大改变[2]。细菌性痢疾是与卫生条件差、无干净水源和食物污染等密切相关的传染病。每年全球感染志贺菌的人数约有1.647亿，导致约110万人死亡，其中95%的致死病例发生在发展中国家[3]。全球肠道多中心研究为期3年的病例对照研究发现，志贺菌是5岁以下儿童中度至重度腹泻的四大病原菌之一[4]。全球疾病负担项目（Global Burden of Diseases，GBD）研究发现，2015年志贺菌是腹泻死亡的第二大原因[5]。而我国细菌耐药监测网2014—2019年粪便标本细菌耐药监测报告中指出，志贺菌的检出率为8.08%，位居第二[6]。

▲ 细菌性痢疾症状

细菌性痢疾一年四季均有发生，高发时间基本在每年的7~9月。根据我国疾病预防控制局发布的全国法定传染病疫情概况，2017年细菌性和阿米巴性痢疾的发病人数为109368人次，7~9月平均每月发病人数为14236人次；2021年发病人数下降至50403人次，7~9月平均每月发病人数下降至5822人次[7]。

志贺氏菌引起的细菌性痢疾通常表现为腹痛、发热及大量水样便、黏液脓血便（即粪便中含有多量血、黏液及白细胞）。非典型菌痢仅表现轻度腹痛、腹泻，大便每天2~4次，呈水样或糊状，无脓血，有时混和黏液，解便后腹痛缓解，多数不发热或只有低热。由于症状不典型，常常被误诊为一般的肠炎。典型菌痢通常表现为发热，体温可高达39℃左右，个别儿童可高达40℃以上。初始可无腹痛、腹泻，只有恶心、呕吐、头痛等症状。因此，开始时常被误诊为重感冒，数小时之后开始出现阵发性腹痛、腹泻。腹泻开始为稀便，继而出现脓血便。这些症状是由于志贺氏菌侵入大肠上皮细胞后在胞内大量繁殖并扩散到邻近细胞，最终导致大量被感染细胞死亡。此时肠黏膜已出现溃疡和坏死，故有明显的下坠感。

中毒性菌痢起病急骤、突发高热（儿童通常>40℃），全身中毒症状明显，若病情持续发展，可出现高热、意识障碍、惊厥，甚至昏迷和休克，也可由于弥漫性血管内凝血而致全身皮肤和各脏器出血而死亡，预后较差。其多见于2~7岁儿童，病死率高。但是中毒性菌痢的肠道症状却常常不明显甚至都没有腹痛腹泻（也有脓血便后发展为中毒性菌痢的）。目前中毒性细菌性痢疾的发病机制还未明确，多方研究认为可能和机体对细菌毒素产生异常强烈的过敏反应（全身炎症反应综合征）有关。即人体从肠壁吸收志贺氏菌产生的内毒素，内毒素入血后引起发热、毒血症及急性微循环障碍。急性微循环障碍是内毒素作用于肾上腺髓质及交感神经系统后释放肾上腺素、去甲肾上腺素等，使小动脉和小静脉发生痉挛性收缩。中毒性细菌性痢疾的上述病变在脑组织中最为显著，患者可发生脑水肿甚至脑疝，出现昏迷、抽搐及呼吸衰竭，这也是中毒性菌痢死亡的主要原因。

凡病程超过2个月者，称为慢性痢疾。多数是因轻型痢疾治疗不彻底或儿童患有营养不良、佝偻病、贫血、寄生虫等病体质较弱所致。这种类型的患儿多无高热，有时可出现腹痛、腹泻、呕吐和低热，大便每日3~5次，可有正常便与黏液便和脓血便交替出现。患慢性痢疾的儿童，因长期营养不良，抵抗力差，易合并其他细菌感染，如肺炎、结核等。

参考文献

[1] 新浪看点 . 食堂员工患“痢疾”传染 90 名学生：这是啥病？如何预防？ [EB/OL]. [2021-09-09]. https：//k.sina.com.cn/article_7517400647_1c0126e4705901dnp8.html

[2] DAVISON W C. A Bacteriological and Clinical Consideration of Bacillary Dysentery in Adults and Children [J]. Medicine，1922，1：384-389.

[3] LIANG J，ZHU Z，LAN R，et al. Evolutionary and Genomic Insights into the Long-Term Colonization of Shigella Flexneri in Animals [J]. Emerging Microbes & Infectious，2022，11（1）：2069-2079.

[4] KOTLOFF K L，NATARO J P，BLACKWELDER W C，et al. Burden and Aetiology of Diarrhoeal Disease in Infants and Young Children in Developing Countries（the Global Enteric Multicenter Study，GEMS）：A Prospective，Case-control Study [J]. Lancet，2013，382：209-222.

[5] GBD Diarrhoeal Diseases Collaborators. Estimates of Global，Regional，and National Morbidity，

Mortality, and Aetiologies of Diarrhoeal Diseases：A Systematic Analysis for the Global Burden of Disease Study 2015 [J]. Lancet Infectious Diseases, 2017, 17：909-948.

[6] 全国细菌耐药监测网．全国细菌耐药监测网 2014—2019 年粪便标本细菌耐药监测报告 [J]. 中国感染控制杂志，2021，20（2）：168-174.

20. 志贺菌属家族成员及其发家史

志贺菌属属于肠杆菌科，也称痢疾杆菌。日本细菌学家志贺洁（Shiga Kiyoshi）于1898年首次分离鉴定痢疾志贺菌，随后福莱克斯纳（Flexner）在1900年首次鉴定出福氏志贺菌，接着宋内（Sonnei）在1915年分离鉴定出宋内志贺菌，鲍特志（Boyd）在1931年首次报道鲍特志贺菌[1]。

根据生化反应和志贺菌细胞壁上脂多糖O抗原的不同，志贺菌属可以被分为4个血清群和50多个血清型。A群为痢疾志贺菌（*S. dysenteriae*），根据O抗原的差异，A群可分为15个血清型。在临床分离到的志贺菌中，A群除1型和2型外，其他各型极为罕见。B群为福氏志贺菌（*S. flexnerii*），有14个血清型或亚型。C群为鲍氏志贺菌（*S.boydii*），其有20个血清型。D群为宋内志贺菌（*S.sonnei*），仅有1个血清型[1]。我国现有的定群及定型诊断血清包括痢疾志贺菌1型和2型血清、福氏志贺菌1~6型血清、鲍特志贺菌1~6型血清、宋内志贺菌血清。

四种志贺菌以痢疾志贺菌引起的细菌性痢疾最为严重，死亡率可高达20%。福氏志贺菌是发展中国家的主要感染群，而宋内志贺菌的感染率却随着经济发展而增加。我国以福氏志贺菌流行为主，2003—2013年平均检出率高达55.3%，主要流行株是福氏志贺菌2a和福氏志贺菌 X variant（-：7，8，E1037）。

其次是宋内志贺菌，检出率为44.1%，且分布呈上升趋势。在我国，宋内志贺菌检出率在短短十年的时间里，已从2003—2004年的17.4%上升至2011—2013年的58.2%[2-3]。值得注意的是，经历了重大工业化的地区的福氏志贺菌病例减少，而宋内志贺菌报道病例却在增加，这种现象的出现迫切需要研究者对这两个血清群的传播和流行规律进行更深入的研究。鲍特志贺菌则局限于孟加拉国和东南亚，很少在这些地区以外发现鲍氏志贺菌的感染。痢疾志贺菌1型偶尔发生暴发流行。1993年11月—1995年2月，卢旺达内战期间在难民营中发生了1型痢疾杆菌的暴发流行，其中18多万感染病例及大量死亡病例令人记忆深刻[4]。而在1999年塞拉利昂内战期间发生1型痢疾杆菌暴发流行，造成4000多人感染[5]。

尽管志贺菌与大肠埃希菌在生化代谢表型上表现完全不同，如大部分大肠埃希菌有动力（鞭毛）、可发酵乳糖和赖氨酸、呈吲哚试验阳性，并且多为非致病菌，而志贺菌则在这些方面与其相反[6]。但随着分子生物学的发展，基于细菌全基因组学测序分析，以及多位点酶电泳（MLEE）、MLEE与*mdh*基因序列分析、rDNA限制性片段长度多样性（RFLP）、16S rRNA和*gyrB*基因序列分析及微阵列比较基因组杂交等方法[7]，研究者推测志贺菌与大肠埃希菌可能起源于同一祖先。例如，福氏志贺菌（Sf 301）、大肠埃希菌K12（MG 1655）及大肠埃希菌O157：H7（EDL 933）的全基因组序列比对结果显示，三者具有约3.9Mb的共同序列，表明它们有着紧密的亲缘关系，甚至大肠埃希菌K12与福氏志贺菌Sf 301的基因组相似性大于它与大肠埃希菌O157：H7的相似性[8]。普波（Pupo）等研究人员进而估算出志贺菌于3.5万~27万年前分化，晚于大肠埃希菌的分化时间（800万~2200万年前），从时间维度证实了该推断的可能性[9]。另外，有研究认为志贺菌的分化处在旧石器时代，早期人类正在逐步扩张，志贺菌作为一种人类肠道致病菌在该时期从大肠埃希菌中分化出来也与环境变化相符合[10-11]。

在大肠埃希菌中，存在一个同样能引起类似细菌性痢疾的种群，就是EIEC。EIEC是大肠埃希菌中与志贺菌相似度最高的亚群，其生化代谢表型与志贺菌近乎相同，两者的相互关系成为解答志贺菌与大肠埃希菌亲缘关系的关键。研究表明，EIEC来源于非致病性大肠埃希菌，与志贺菌同属于大肠埃希菌的致病变种。多位点序列分型（Multilocus Sequence Typing，MLST）提示EIEC的分化时间可能比志贺菌更晚[12]。研究者提出了关于EIEC和志贺菌进化关系的两种猜想：第一，EIEC是大肠埃希菌过渡到志贺菌的一种“中间状态”，之后可能会发展为“真正的”志贺菌；第二，EIEC是大肠埃希菌中一个独立于志贺菌的种群，只是具有与志贺菌相似的特性。全基因组进化研究志贺菌、EIEC和大肠埃希菌之间的关系，发现志贺菌和EIEC两者各种血清型存在相互交叉，没有进化先后之分，表明志贺菌和EIEC可能是大肠埃希菌下的同一个种群。这意味着EIEC既不是过渡阶段的产物，也不是与志贺菌并列的种群，但该结论还需要更多数据的支撑。

参考文献

[1] ASLAM A，OKAFOR CN. Shigella [A]// StatPearls [Internet]. Treasure Island（FL）: StatPearls，2020.

[2] MAO Y，CUI E，BAO C，et al. Changing Trends and Serotype Distribution of Shigella Species in Beijing from 1994 to 2010 [J]. Gut pathogens，2013，5（1）: 21-33.

[3] QIU S，XU X，YANG C，et al. Shift in Serotype Distribution of Shigella Species in China，2003—2013 [J]. Clinical Microbiology and Infection，2015，21（3）: 252，e5-8.

[4] KERNÉIS S，GUERIN P J，VON SEIDLEIN L，et al. A Look Back at an Ongoing Problem：Shigella Dysenteriae Type 1 Epidemics in Refugee Settings in Central Africa（1993—1995）[J]. PloS one，2009，4（2）.

[5] GUERIN P J，BRASHER C，BARON E，et al. Case Management of a Multidrug-Resistant Shigella Dysenteriae Serotype 1 Outbreak in a Crisis Context in Sierra Leone，1999—2000 [J]. Transactions of the Royal Society of Tropical Medicine and Hygiene，2004，98（11）：635-643.

[6] JOHNSON J R. Shigella and *Escherichia coli* at the Crossroads：Machiavellian Masqueraders or Taxonomic Treachery? [J]. Journal of Medical Microbiology，2000，49（7）：583-585.

[7] 杨朗，邱少富，李鹏，等. 志贺菌基因组进化研究进展 [J]. 生物化学与生物物理进展，2016，43（11）：1029-1037.

[8] JIN Q，YUAN Z，XU J，et al. Genome Sequence of Shigella Flexneri 2a：Insights into Pathogenicity Through Comparison with Genomes of *Escherichia coli* K12 and O157 [J]. Nucleic Acids Research，2002，30（20）：4432-4441.

[9] PUPO G M，LAN R，REEVES P R. Multiple Independent Origins of Shigella Clones of *Escherichia coli* and Convergent Evolution of Many of Their Characteristics [J]. Proceedings of the Natlional Academy of Sciences of USA，2000，97（19）：10567-10572.

[10] KINGOMBE C I B，CERQUEIRA-CAMPOS M-L，FARBER J M. Molecular Strategies for the Detection，Identification，and Differentiation Between Enteroinvasive *Escherichia coli* and *Shigella spp.* [J]. Journal of Food Protection，2005，68（2）：239-245.

[11] LAN R，LUMB B，RYAN D，et al. Molecular Evolution of Large Virulence Plasmid in Shigella Clones and Enteroinvasive *Escherichia coli* [J]. Infection and Immunity，2001，69（10）：6303-6309.

[12] LAN R，ALLES M C，DONOHOE K，et al. Molecular Evolutionary Relationships of Enteroinvasive *Escherichia coli* and *Shigella spp.* [J]. Infection and Immunity，2004，72（9）：5080-5088.

21. 刀枪剑戟一起上——志贺菌致病力

目前对志贺菌发病机制的研究多是通过福氏志贺菌进行的，其对机体的侵袭感染是一个多级过程。福氏志贺菌的致病过程可以简要总结为以下几个步骤：通过胃肠屏障到达结肠；侵入结肠上皮细胞；细菌开始增殖并向邻近细胞扩散；引起炎症反应；破坏上皮细胞；产生溃疡；结肠内的液体增多产生脓血及黏液等[1]。这个过程中的分子机理十分复杂，虽然目前的研究成果还不能全面揭示其致病本质，但其中细菌侵袭及穿过结肠黏膜的过程已相对明确。

福氏志贺菌先黏附到肠道黏膜表面派伊尔氏淋巴小结上的M细胞上，通过M细胞进入上皮下淋巴组织，在那里被巨噬细胞吞噬。福氏志贺菌能够逃离吞噬体并诱导巨噬细胞凋亡，释放出细胞因子IL-1β。细菌从死亡的巨噬细胞中释放出来，从肠上皮细胞的基底面侵入细胞，细菌与上皮细胞接触后激活III型分泌系统，分泌侵袭性蛋白，效应蛋白通过由IpaB和IpaC形成的孔道分泌到上皮细胞的细胞质中。其中，IpaC能够引发肌动蛋白聚合，加速细菌内化过程；IpgD负责解离细胞质膜与肌动蛋白骨架之间的连接；VirA造成细胞微管结构解离；IpaA能与联结蛋白形成复合体，促进肌动蛋白解聚。这样，细菌接触到的细胞表面就会发生延展，逐渐形成包裹细菌的空泡，从而使福氏志贺菌进入上皮细胞。

进入上皮细胞后，IpaB和IpaC能够裂解包裹细菌的空泡，将福氏志贺菌释放到上皮细胞的细胞质中。随后，外膜蛋白IcsA出现在细菌的一端，逐渐募集联结蛋白和肌动蛋白，形成一个聚合的肌动蛋白尾巴，推动细菌穿过细胞质到达细胞膜。这种推动力在接触到细胞膜时，会造成一个伸向邻近上皮细胞的突起，随后IpaB和IpaC裂解掉两层膜，将福氏志贺菌释放到邻近的上皮细胞中。

此外，细胞内的福氏志贺菌能够诱导上皮细胞释放出IL-8与凋亡巨噬细胞释放的IL-1β能募集多形核细胞，并诱导它们从上皮细胞层迁移到肠腔内。迁移过程中上皮细胞层的紧密连接将被破坏，更加有利于福氏志贺菌的入侵。并且，上皮下组织的巨噬细胞凋亡使细菌得以存活并引起水肿，上皮细胞结构被破坏，加速细菌进一步进入细胞内。福氏志贺菌侵袭上皮细胞后，引起局部炎症反应和多型核白细胞浸润，破坏上皮细胞间的紧密连接，细菌可以直接通过上皮细胞间的间隙接触上皮细胞的基底膜侵入上皮细胞，最终导致上皮屏障功能完全丧失。福氏志贺菌感染造成组织严重损伤，导致机体对水、营养物质和溶质的吸收功能发生障碍，从而引起水性腹泻、血便和黏液样粪便等志贺菌病的典型症状。

志贺菌菌株产生的志贺菌肠毒素1（Shigella enterotoxin 1，ShET1）和志贺菌肠毒素2（ShET2），可以诱导体液分泌到肠道，解释了腹泻的水样性质。

志贺菌的基因组序列与大肠埃希菌高度同源，其致病性主要基于细菌中约230kb的侵袭性大质粒。志贺菌的毒力基因集中分布在侵袭性大质粒中约31kb的“entry region”中。这些毒力基因编码了包括细菌毒素、三型分泌系统（T3SS）的结构蛋白及效应因子等大量蛋白质，毒力基因的表达无疑为细菌造成巨大的代谢负担。志贺菌在进化的过程中形成了一个精巧的毒力基因转录和表达调控体系，该体系由来自侵袭性大质粒的调控系统和来自细菌基因组编码的全局调控系统共同组成。在不适宜的环境条件下，志贺菌毒力基因的表达受到抑制。染色体编码的H-NS蛋白通过结合毒力基因启动子附近的AT富集区组装转录抑制复合物，阻止RNA聚合酶向启动子下游移动，从而在转录水平抑制毒力基因表达。在适宜环境因素的诱导下，即温度、pH和渗透压等环境参数与小肠内环境接近时，志贺菌的毒力基因的转录开始激活。毒力基因的激活通过一系列级联调控步骤实现。首先是*virF*基因的转录激活，其产物VirF蛋白继而激活*virB*基因的转录，造成VirB蛋白的表达上调。VirB蛋白能够特异性结合位于毒力基因启动子上游的DNA顺式作用位点，从而解除H-NS介导的转录抑制作用，最终导致位于侵袭性大质粒上的各种毒力基因的转录的全面激活。受到VirB蛋白调控的毒力基因还包括VirB自身的编码基因及其上游调控基因*virF*[1]。

除侵袭性大质粒的核心毒力编码区外，许多染色体上的基因也参与了致病过程。与毒力相关的染色体基因按其功能可以分成两类：一类是细菌在肠道和组织感染中存活所必需的基因，如编码铁摄取系统的基因（*iutA*和*iucABCD*）、超氧化物歧化酶（*sodB*）及某些重要代谢途径中的基因（*aroABCD*、*purE*、*guaBA*和*dapB*）；第二类是调节质粒上毒力基因表达的调控基因，如毒力调控基因 *virR* 和渗透压蛋白基因 *malA*（*ompR*和*envZ*），其中*virR*编码一个与H-NS相似的组蛋白样分子，可调控Ipa和Mix-Spa依赖于温度的表达。

志贺菌均产生强烈的内毒素。内毒素使得肠黏膜的通透性增高，促进人体对志贺菌内毒素的吸收，从而导致发热、意识障碍。内毒素还可以破坏肠黏膜，引起炎症、出血、溃疡，使得大便呈现典型的黏液脓血便。内毒素还能作用于肠壁植物神经，使肠功能发生紊乱，肠蠕动失调和痉挛，尤其直肠括约肌最为明显，因而出现腹痛及里急后重等症状。内毒素入血可以导致急性中毒性痢疾，因为内毒素可以使微血管痉挛、缺血和缺氧，导致弥散性血管内凝血（Disseminated Intravascular Coagulation，DIC）、多器官功能衰竭和脑水肿。

参考文献

[1] 康静静，杨玉荣，梁宏德 . 志贺菌病发病机制的研究进展 [J]. 中国农业科学，2011，44（9）：1939-1944.

22. “凡杀不死我的，会使我更强大”

值得庆幸的是，虽然肠上皮的溃疡性损伤导致强烈的炎症反应，但是志贺菌很少穿过黏膜层而进入血液，而且细菌性痢疾通常呈自限性，除非发生并发症，即使不使用抗生素治疗，也能在2周内痊愈。因此健康成人的轻度感染一般不需要抗生素治疗，主要治疗方法包括补液和电解质管理。重度感染患者经验性抗生素治疗的药物选择可基于人口特征和地区的耐药性特点。

磺胺类抗生素、四环素、链霉素和氯霉素最初被用于治疗志贺菌感染。然而不幸的是，20世纪50年代末即出现了对所有上述4种抗菌药物耐药的菌株，耐药基因主要由小质粒介导[1]。志贺菌非常容易产生耐药性，这可能是志贺菌和其他肠杆菌目细菌之间发生频繁的耐药基因水平转移的结果。随后氨苄青霉素和复方新诺明作为临床治疗方案，也很快在20世纪80年代再次遇到耐药菌株[1]。例如，编码甲氧苄啶耐药基因的*dfrA1*的Tn7转座子在宋内志贺菌谱系III和痢疾志贺菌谱系IV中整合，导致耐药克隆株在全球快速播散[2-3]。2000年以后，推荐的志贺菌病一线抗菌药物是氟喹诺酮类抗菌药物，如环丙沙星，并且很快成为流行地区针对细菌性痢疾和急性腹泻的主要处方。然而因其广泛应用，环丙沙星耐药志贺菌，尤其是环丙沙星耐药宋内志贺菌，已进化成一个单一克隆，首先在南亚克隆传播，随后播散到东南亚和欧洲。这种耐药性主要由染色体编码的*gyrA*和*parC*突变的逐渐积累介导的[4]。亚洲可能是耐药菌株出现和传播的储库。志贺菌对常用的治疗药物氨苄西林、喹诺酮类等抗生素耐药率均在50%以上。近年来，世界各地男男性行为者群体中阿奇霉素耐药福氏志贺菌3a菌株分离数量急剧增加，是源自1998年的单一亚系克隆[5]，该耐药是由可移动质粒pKSR100介导的，该质粒最近被证明来源于宋内志贺菌和福氏志贺菌2a[6]。2022年10月报道了英国产CTX-M型超广谱β内酰胺酶的宋内志贺菌通过性传播暴发的疫情[7]。美国疾病控制与预防中心发布了一份关于志贺菌耐药菌株增加的公共卫生警告，称全美“广泛耐药”志贺菌病例呈上升趋势，检出率为5%，耐药菌株增加趋势主要发生在男男性行为者、流浪汉、国际旅行者和艾滋病毒感染者中。

对于无耐药危险因素的成人患者，推荐应用氟喹诺酮类药物；对于高危患者（包括非洲和亚洲的感染者、国际旅行者、HIV感染者）可选用第3代头孢菌素。一旦获得药敏结果，则应根据药物敏感性更换相应抗生素。对于儿童患者，如果抗生素敏感性未知，则一线治疗药物选择阿奇霉素。在南亚地区，基于广泛耐药性，可选择头孢克肟和头孢噻腾，以及其他替代药物，如匹美西林。肠外抗生素治疗适用于存在严重感染症状，包括嗜睡，体温高于39℃，潜在免疫缺陷及不能口服药物的疑似和确诊为志贺菌病的儿童患者。志贺菌病只要经过及时的诊治，一般预后较好，患者无后遗症。该病的不良预后因素包括治疗延迟、免疫功能不全、疾病持续时间延长（>7天）及儿童和老年患者。

需要注意的是，志贺菌感染患者不推荐应用肠蠕动抑制剂（如洛哌丁胺、苯乙哌啶），因这些药物可延长感染的时间及增加细菌脱落量。

参考文献

[1] NIYOGI S K. Increasing Antimicrobial Resistance—An Emerging Problem in the Treatment of Shigellosis [J]. Clinical Microbiology and Infection，2007，13：1141-1143.

[2] NJAMKEPO E，FAWAL N，TRAN-DIEN A，et al. Global Phylogeography and Evolutionary History of Shigella Dysenteriae Type 1 [J]. Nature Microbiology，2016，1：16027.

[3] HOLT K E，BAKER S，WEILL F X，et al. *Shigella sonnei* Genome Sequencing and Phylogenetic Analysis Indicate Recent Global Dissemination from Europe [J]. Nature Genetics，2012，44：1056-1059.

[4] BAKER KS，CAMPOS J，PICHEL M，et al. Whole Genome Sequencing of *Shigella sonnei* Through PulseNet Latin America and Caribbean：Advancing Global Surveillance of Foodborne Illnesses [J]. Clinical Microbiology and Infection，2017，23：845-853.

[5] CHUNG T H，RABAA M A，PHAM T D，et al. South Asia as a Reservoir for the Global Spread of Ciprofloxacin Resistant *Shigella sonnei*：A Cross-Sectional Study [J]. PLoS Medicine，2016，13：e1002055.

[6] BAKER K S，DALLMAN T J，ASHTON P M，et al. Intercontinental Dissemination of Azithromycin-Resistant Shigellosis Through Sexual Transmission：A Cross-sectional Study [J]. Lancet Infectious Diseases，2015，15：913-921.

[7] BAKER K S，DALLMAN T J，FIELD N，et al. Horizontal Antimicrobial Resistance Transfer Drives Epidemics of Multiple Shigella Species [J]. Nature Communications，2018，9：1462.

23. 人类与志贺菌的对抗

人类对志贺菌普遍易感，传染源主要为患者和带菌者。在发达国家，志贺菌病主要通过粪口途径传播，在发展中国家则主要通过粪口途径、水源或食物传播。由于胃酸不容易消灭这些细菌，摄取最少10个细菌即可导致感染。在卫生条件差及人口密集的条件下，被人体排泄物污染的水源、带菌者游泳过的泳池氯化不足的涉水池、儿童日托中心、长期医疗护理机构、难民营、智障收容机构、邮轮、军营等环境中，志贺菌可迅速传播，甚至导致群体发病。此外，志贺菌病还可通过性接触传播[1]。志贺菌可引起所有年龄组人群感染，高危人群为儿童、老年人及免疫功能低下者。

学术界之前一致认为志贺菌是人类特有的病原菌，人类是唯一宿主。然而中国研究者首次发现人类可把志贺菌传给牦牛、肉牛、奶牛等。人类把志贺菌传给牛的时间在1948—1966年及1997—2016年，且发生了多次。在志贺菌从人传给牛后，福氏志贺菌种群进化速率有显著差异，进化速率减慢[2]。有意思的是，福氏志贺菌引起的细菌性痢疾属于夏秋季高发，患者多在5~10月出现，而引起牛的腹泻，多是冬季发生，菌株主要是在10月至第二年3月分离。所幸，到目前为止，我们还未发现福氏志贺菌从牛回传再次感染人的情况。

志贺菌属在外界环境中的生存力以宋内志贺菌最强，福氏志贺菌次之，痢疾志贺菌最弱。一般来说，志贺菌在潮湿土壤中能存活34天，37℃水中可存活20天，低温可存活96天，日光直接照射30分钟或56~60℃作用10分钟即被杀死，可见，它们对高温和化学消毒剂很敏感。

因此，志贺菌感染的预防措施包括对传染源和传播途径的监测管理。急性患者应隔离治疗；洗涤脏衣服和床上用品时应用洗衣机使用热水循环；生活区域，包括洗手盆、马桶、洗衣机等，再次使用前应有人专门清洗和消毒。对炊管人员、水源管理人员、托幼机构保教人员等重点行业人群中的患者，应立即调离原工作岗位，及时访视管理，并给予全程治疗，直至症状消失后，二次便培养阴性方可解除隔离。慢性痢疾和带菌者具有高度传染性，是主要的传染源，因此，患者一律不能从事餐饮业及幼教保育等重点行业工作。加强包括水源、饮食、环境卫生、消灭苍蝇等在内的综合性防治措施，即做好“三管一灭”（管水、管粪、管饮食、消灭苍蝇），加强饮用水水源和饮水卫生管理。对饮食制售人员、炊管人员、水源管理人员、托幼机构保教人员等重点行业应定期（至少一年一次）进行健康体检及粪便培养，以便尽早发现病例。新调入的人员在上岗前必须经过健康体检和培训，合格后方可上岗。对重点行业人群应每年进行卫生知识或强化食品卫生知识的培训，坚持持证上岗，严格执行食品卫生法。作为普通民众，平时应注意个人卫生，经常用肥皂水洗手，注意饮水和食品卫生，食物要彻底煮熟煮透，避免生食，避免与腹泻者或刚从腹泻病中康复的患者接触，进行安全性行为等。

鉴于志贺菌对于多种临床常用的抗生素已具有耐药性，WHO已将志贺菌疫苗研发作为公共健康主要的、优先要考虑的项目。特异性预防主要采用口服减毒活菌苗，试用者有Sd株、福氏2a变异株等。这些活菌苗虽有一定的预防作用，但具有免疫力弱、维持时间短、服用量大、型间无保护性交叉免疫的缺点，因此大规模应用还受一定限制。目前志贺菌O抗原的蛋白结合物是最为领先的疫苗候选物[3]。虽然基于全细胞、糖结合物和膜抗原通用模块的志贺菌疫苗候选物已进入临床试验阶段，但仍无志贺菌疫苗成功上市[3]。

参考文献

[1] CHARLES H，PROCHAZKA M，THORLEY K，et al. Outbreak of Sexually Transmitted, Extensively Drug-Resistant *Shigella sonnei* in the UK，2021-22：A Descriptive Epidemiological Study [J]. Lancet Infectious Diseases，2022，22（10）：1503-1510.

[2] LIANG J，ZHU Z，LAN R，et al. Evolutionary and Genomic Insights into the Long-Term Colonization of Shigella Flexneri in Animals [J]. Emerging Microbes & Infections，2022，11（1）：2069-2079.

[3] QIN C，LI L，TIAN G，et al. Chemical Synthesis and Antigenicity Evaluation of Shigella dysenteriae Serotype 10 O-Antigen Tetrasaccharide Containing a (S)-4，6-O-Pyruvyl Ketal [J]. Journal of American Chemical Society，2022，144（46）：21068-21079.

霍乱弧菌

——人类挥之不去的梦魇

24. 憧憬霍乱时期的爱情，醒醒，霍乱可能要你命！

小薇最近在追一本小说——《霍乱时期的爱情》，并疯狂地向她周边的好朋友安利这本书。《霍乱时期的爱情》是加西亚·马尔克斯获得诺贝尔文学奖之后完成的第一部小说，是20世纪重要的经典文学巨著之一。这部小说讲述的是文艺男青年阿里萨跨越半个多世纪的情史，展现了几乎所有爱情可能存在的形态，因此也被誉为“人类伟大的爱情小说”。

那么，朋友，你听完介绍后是否很好奇，男女主角的这段爱情与霍乱有什么关系？霍乱本身又是什么呢？接下来就让小薇结合这部小说，带大家一起来认识霍乱。

霍乱是一种烈性肠道传染病，由O1群和O139群霍乱弧菌（*V. cholera*）引起，具有发病急、传播速度快、传染途径广等特点，是《中华人民共和国传染病防治法》规定的两种甲类传染病之一，也是《国际卫生检疫条例》规定国际检疫的三种传染病之一[1]。

霍乱弧菌有耐热的O抗原和不耐热的H抗原。H抗原为弧菌属所共有，无特异性；O抗原特异性高，具有群特异性和型特异性，是分群和分型的基础。根据菌体O抗原的不同，目前霍乱弧菌至少可以分为155个血清群，按阿拉伯数字1、2、3、4……进行编码，其中O1群、O139群引起霍乱。

根据生物学特征上，O1群有古典（Classical）和埃尔托（El-Tor）两种生物型。El-Tor生物型能产生不耐热溶血素和血凝素，不耐热溶血素具有溶血活性，细胞毒、心脏毒和致死毒性，血凝素能凝集肌红细胞。此外，O1群霍乱弧菌菌体抗原由A、B、C三种抗原因子组成，通过不同组合可形成三个型别，由AB组成小川型（Ogawa），AC组成稻叶型（Inaba），ABC组成彦岛型（Hikojima），以小川型和稻叶型为常见流行型别。

霍乱在较差的卫生环境中容易暴发流行。人类是霍乱弧菌的易感者，传染源为患者和带菌者，主要通过污染的水源或饮食经消化道感染。在正常情况下，胃液中的胃酸可以消灭食物中的霍乱弧菌，但在胃酸降低或摄入大量的霍乱弧菌时，霍乱弧菌可以从胃进入肠道，通过鞭毛运动穿过肠黏膜表面的黏液层，由菌毛的作用定植于肠黏膜上皮细胞表面繁殖，产生由染色体介导的对热不稳定的霍乱毒素，是主要的致病物质。

霍乱毒素是由A亚单位和B亚单位构成的多聚体蛋白。A亚单位由两部分构成：A1是腺苷二磷酸核糖基转移酶，使腺苷二磷酸核糖转移到结合于膜上的Gs蛋白上，Gs蛋白激活腺苷酸环化酶，细胞内cAMP水平增高，导致肠腔内离子和水过度分泌；A2可辅助细菌进入细胞。B亚单位是由5个相同的单体组成，可以和小肠黏膜上皮细胞神经节苷脂受体结合。霍乱毒素与肠黏膜上皮细胞结合，导致细胞快速向细胞外分泌水和电解质，使肠腔内水、钠潴留，导致剧烈呕吐和腹泻，出现霍乱特征性的“米泔水”样便。剧烈的呕吐和腹泻可导致患者出现体液丢失、电解质紊乱、肌肉痉挛、代谢性酸中毒等，甚至发生休克及急性肾衰竭，如果不及时治疗可导致死亡[2]。

在《霍乱时期的爱情》中，霍乱多次流行，贯穿在阿里萨苦心等候费尔米娜的50年里。在阿里萨相思最严重的时候，“他腹泻，吐绿水，晕头转向，还常常突然昏厥……”爱情里的相思之苦就像是得了霍乱，迅速扩散，持久蔓延，因此在这部小说中霍乱就具有了爱的影子。

参考文献

[1] http://www.mycdc.cn/xwzx/rdgz/43900526.html

[2] 刘运德，楼永良，王辉 . 临床微生物学检验技术 [M]. 北京 ：人民卫生出版社，2015.

25. 跌宕起伏的前世今生

炎炎夏日，热衷于户外运动的小薇也被这动辄34℃的高温天气劝退，只能待在空调房里“网上冲浪”，打发饭后的闲余时光。刚打开微博，一条“××大学出现一例霍乱病例”的热搜直冲头条，引起了几亿人的关注。小薇在心里“咯噔”了一下，此次出现的传染病又会给社会带来什么影响呢？她仔细地翻阅每一条新闻，直到看到官方通报——该霍乱病例的血清学凝集试验为O139阳性，毒力基因阴性；患者病情得到控制，目前未发现新增病例……小薇惴惴不安的心终于松了一口气。

网上关于霍乱的各种词条一直引发热议，霍乱这种古老的传染病又一次走进大家的视野。其实霍乱从未消失，自1817年以来，已发生7次世界性的霍乱大流行，均由霍乱弧菌的O1群引起，前6次均由古典生物型引起，第七次大流行由埃尔托生物型引起。1992年分离到新的血清群O139，现在世界各地均有其流行或散发病例报告。

小薇查阅资料后了解到，最早有关霍乱病例的记载可以追溯到古印度和古希腊时期。印度的恒河三角洲地区是霍乱的起源地。相传印度人将恒河水视为圣水，他们坚信生者饮用恒河水可以延年益寿，在水中沐浴可以净化灵魂，死者被葬在水里就可以往生极乐，因此恒河水上经常飘着骨灰甚至尸体。不仅如此，印度人还将粪便、生活垃圾全部排入水中，为霍乱弧菌的繁殖和传播提供了天然条件。

第一次霍乱大流行的前一年，即1816年，由于印度恒河洪水泛滥，大量沿岸居民不幸溺亡，密密麻麻的尸体堆在恒河水上。这些高度腐烂的尸体使恒河水臭气熏天，但人们不以为然，继续饮用、沐浴、排泄，在恒河里狂欢，造成了1817年霍乱的暴发。

第一次霍乱大流行：1817年，霍乱开始向外部扩散，1年左右便波及整个印度大陆，随后向东传播到泰国曼谷和菲律宾马尼拉；1821年波及爪哇和中国东南沿海城市，同时向西传播到达阿曼；1822年传到巴格达和叙利亚，日本也被波及；1823年传播到俄罗斯，于1824年才基本结束[1]。这场霍乱大流行持续了7年，传播范围极广，导致人类深受其害，仅印度就有上百万人丢失生命。

第二次霍乱大流行：暴发于孟加拉地区，并迅速扩散到整个印度，霍乱蔓延至欧洲、北美洲、南美洲的大部分城市，直到1837年才结束。

第三次霍乱大流行：1839年霍乱又一次在孟加拉暴发，这次疫情传播得更加迅速，范围也在扩大。对于霍乱的治疗，医生尝试了许多方法最终还是束手无策，车水马龙的街道在霍乱的肆虐下一夜之间变得死一般寂静，人们生活在对疫情的未知恐惧中，他们不知道霍乱的传播途径到底是什么。直到1854年英国医生约翰·斯诺通过对英国当地数百病例的统计与调查，最终确认霍乱的传播与污染的水源有关。伦敦市政府以此次霍乱疫情为契机，进行了大规模的下水道改造，将污水与饮用水管道彻底分隔开，建立了世界上第一套现代化下水道系统，有效地控制住了之后的霍乱疫情。而在此之前，人们认为不清洁的空气是引起霍乱的罪魁祸首。

▲ 霍乱引起的“蓝色死亡”

此后每隔几年到几十年，霍乱就会大流行一次。在第五次霍乱大流行时，德国细菌学家罗伯特·科赫第一次从死亡患者的小肠黏膜上发现了一种形态弯曲，如同逗点状的细菌，这就是霍乱弧菌。科赫法则证明了霍乱弧菌才是引起霍乱的病原体，而非什么“瘴气”。至此，人们才彻底意识到只有加强水源管理，将污水和饮用水严格分离，培养良好的个人卫生，不生食水产品，霍乱才能得到有效预防。在科赫发现霍乱弧菌之后，世界各国陆续开展疫苗研制工作。1894 年，沃尔德马·哈夫金研制出了首支霍乱减毒活疫苗，在印度试行大规模接种。1896 年，威廉·科勒制成霍乱灭活疫苗，在1902年日本霍乱大流行期间投入使用，并获得成功[2]。

中国最大的一场霍乱流行是在1932年。当时国民政府拘囿于中日战事，政局动荡不安，无暇全力抗疫，最终导致霍乱在中国大面积流行，给百姓的生命安全带来巨大的打击。

第七次霍乱大流行：始于1961年，由埃尔托生物型霍乱弧菌（Vibrio cholerae O1 biotype EL-Tor）引起。与前六次由古典生物型霍乱弧菌引起的流行不同，埃尔托生物型具有更强的环境适应能力和隐性感染率，使得疫情更难控制。此次大流行至今已波及全球140多个国家和地区，报告病例数超过400万，且仍在持续。

如今，虽然现在人类对霍乱有了比较全面的认识，也研制出疫苗进行预防，但每年仍然有数百万的人感染霍乱，因此，我们仍需时刻警惕霍乱疫情的卷土重来。

参考文献

[1] 吴诗品 . 霍乱：不该被遗忘的老瘟疫 [J]. 新发传染病电子杂志，2018，3（4）：198-201.

[2] 谭昭麟 . 霍乱抗击简史 [J]. 食品与健康，2020（12）：18-20.

26. 粪里追凶
——霍乱弧菌的培养与检测

在探索霍乱的7次世界大流行时，一位细菌学家给小薇留下了深刻的印象，让她不禁连连称赞。这位细菌学家就是被世人敬仰的“细菌学之父”——罗伯特·科赫。

1883年，也就是在第五次霍乱大流行期间，科赫被任命为德国霍乱委员会主席，被派往埃及调查那里的霍乱流行情况。科赫和他的同事一起发现霍乱病原菌是形如逗号的霍乱弧菌，并发现该菌可以经过水、食物、衣服等传播。依据对霍乱弧菌的生物学知识及其传播方式的了解，科赫又提出了控制霍乱流行的法则。1893年，这些法则被各国批准并形成至今仍沿用的控制霍乱方法的基础。因对霍乱研究作出的巨大贡献，科赫获10万德国马克奖金。值得一提的是，他的这项研究工作也对改善饮用水安全和公共卫生规划有着重大影响。

随着对霍乱的不断深入了解，小薇还了解到，霍乱作为我国法定的甲类烈性传染病，对其病例上报时间有着严格的要求。人们需在发现确诊或疑似病例后2小时内上报。由此可见，及早培养并鉴定出霍乱弧菌对控制该病的流行和治疗具有极其重要的意义。

那么霍乱弧菌的培养有什么要求？检测方法又有哪些呢？

霍乱弧菌是兼性厌氧菌，生长繁殖的温度范围广，在18~37℃。它对营养要求不高，耐碱不耐酸；在pH 8.8~9.0的碱性蛋白胨水或者碱性琼脂平板上也能生长良好，但碱性条件下其他杂菌被抑制了生长[1]。采集的标本要及时接种于碱性蛋白胨水中增菌，若不能及时接种（转运时间超过1小时），应将标本置于卡–布（Cary-Blair）运送培养基中由专人运送。

对霍乱弧菌的检测与鉴定主要从以下几个方面入手。

（1）标本直接检查。

直接涂片染色镜检：取标本直接涂片2张，干燥后用乙醇或甲醇固定，复红染色，油镜下观察有无如“鱼群状”排列的革兰阴性弧菌。霍乱弧菌是革兰阴性菌，从患者标本中新分离的霍乱弧菌形态典型，呈弧形、月牙形或逗点状，无芽孢，有菌毛，有单端鞭毛。

动力和制动试验：直接取“米泔水”样便，制成悬滴（或压滴）标本后，在暗视野或相差显微镜下直接观察有无呈特征性快速流星样运动的细菌。同法重新制备另一标本涂片，在悬液中加入1滴不含防腐剂的霍乱多价诊断血清（效价H1∶64），可见最初呈快速流星样运动的细菌停止运动并发生凝集，则为制动试验阳性，可初步推定存在霍乱弧菌。

快速诊断：通过直接荧光抗体染色和抗O1群或O139群抗原的单克隆抗体凝集试验，能够快速诊断霍乱弧菌感染[2]。

霍乱毒素的测定：粪便标本中霍乱毒素（CT）可采用ELISA法检测，或采用商品化的乳胶凝集试验测定，有较高的灵敏度和特异性。

（2）分离培养和鉴定。

将粪便标本经过碱性蛋白胨水增菌后，转种TCBS（硫代硫酸盐–枸橼酸盐–胆盐–蔗糖）琼脂、4号琼脂或庆大霉素琼脂平板，35℃、18~24小时观察菌落形态。霍乱弧菌在TCBS琼脂平板上，因发酵蔗糖产酸而形成黄色菌落；在4号琼脂或庆大霉素琼脂平板上，因还原碲离子而使菌落中心呈灰黑色，均为可疑菌落。应使用O1群或O139群霍乱弧菌多价和单价抗血清进行凝集，结合菌落特征和菌体形态，做出初步报告。

将血清凝集确定的菌落进一步纯培养，依据全面生化反应、血清学分群或通过质谱确认为O1型霍乱弧菌的菌株还需要通过以下特征性反应确认是古典生物型或埃尔托生物型。[3]

霍乱弧菌古典生物型和埃尔托生物型的区别

特征	古典生物型	埃尔托生物型
羊细胞溶血	–	V
鸡红细胞凝集	–	+
V-P实验	–	+
多黏菌素B敏感试验	+	–
VI组噬菌体裂解	+	–
V组噬菌体裂解	–	+

注：“+”代表反应阳性；“–”代表反应阴性；“V”代表可变。

参考文献

[1] 李杨，逄波，杜小莉，等 . 血流感染 O139 群霍乱弧菌的耐药性及基因组特征分析 [J]. 中华预防医学杂志，2023，57（4）：542-549.

[2] KARLSSON S L，THOMSON N，MUTREJA A，et al. Retrospective Analysis of Serotype Switching of Vibrio cholerae O1 in a Cholera Endemic Region Shows It Is a Non-random Process [J]. PLoS Neglectd Tropical Diseases，2016，10（10）：e0005044.

[3] 刘运德，楼永良，王辉 . 临床微生物学检验技术 [M]. 北京：人民卫生出版社，2015.

27. 隐入水源——霍乱弧菌的传播

小薇的小伙伴们在和小薇的聊天过程中，对霍乱弧菌有了一些初步的认知。同时，他们也知道了在自然情况下，一般传染病流行的三个基本环节是传染源、传播途径和易感人群。

什么是传染源呢？所谓的传染源是指体内有病原体生存、繁殖并能排出病原体的人或动物，包括传染病患者、病原携带者和受感染的动物。传播途径则是指病原体离开传染源后，到达与入侵新的宿主之前，在外环境中所经历的全过程，包括空气传播、经水传播、饮食传播、虫媒传播、医源性传播等水平传播方式，以及经胎盘传播、上行性传播、分娩时引起的传播这三种垂直传播方式。易感人群是指对某种传染病缺乏特异性免疫力，易受感染的人群。

在霍乱流行时，人类是霍乱弧菌的易感者，传染源为患者和带菌者，主要通过污染的水源或饮食经消化道感染。回顾历史，人类与霍乱斗争了数十年才对它有了粗略的认识，而1854年无疑是霍乱史上关键的一年，因为这一年约翰·斯诺医生第一个发现了霍乱的传播方式，他证明霍乱弧菌是通过水而不是空气传播的。

1854年，在第三次霍乱大流行期间，一场严重的霍乱在英国伦敦的索霍区暴发，短短十天时间，整个索霍地区几乎1/10（500多人）的居民迅速死亡。虽然斯诺已经于1849年提出霍乱的传播模式，但当时的医学界仍然信奉“瘴气（坏空气）说”，即认为霍乱和黑死病（鼠疫）一样，是由“有毒的空气”引起的[1]。但斯诺医生并不认同，为了追查疫情，他冒着被感染的巨大风险，挨家挨户地走访霍乱患者的居所，了解其生活细节，将死亡患者的地址和数量详尽地标注在地图上，绘制成了一张经典的流行病学“点地图”。通过分析这张图，斯诺医生发现几乎所有死亡病例都围绕着布罗德街（Broad Street）和坎布里格街（Cambrige Street）交叉口的一处免费的公共水泵，其中水泵周围死亡病例最多，离水泵越远，死亡病例越少。而位于水泵旁的感化院因为有独立水井，啤酒厂为工人们提供免费啤酒，这两处地点没有任何患者。此外，位于伦敦另一地区的一对母女因饮用了布罗德街的水源均感染霍乱而死去。所有数据都有力地证实此次霍乱疫情的真凶是布罗德街上一口被污染的水泵。斯诺医生向政府建议拆除布罗德街水泵的把手，令周围居民无法从这里打水，这一简单的措施得到了立竿见影的效果，使伦敦的霍乱疫情迅速得到了控制。

与此同时，圣卢克教堂的牧师亨利调查发现，最初污染水源的是一个感染霍乱的女婴，她的父母将洗尿布的水直接倒进布罗德街的一个污水池，污水池的水又渗漏到附近的水泵导致污染，从而引发了1854年的伦敦霍乱疫情。以此次霍乱疫情为契机，伦敦市政府从1859年起历时6年的大规模的下水道改造工程，将污水与饮用水管道彻底分隔开，建立了世界上第一套现代化下水道系统，有效地控制住了霍乱疫情。

霍乱发病急、传播快、致死率高，肆虐了人类文明数百年，令人闻风丧胆，但其实霍乱弧菌的抵抗力也是有限的。霍乱弧菌对热、干燥、日光、酸及消毒剂敏感，而在低温、潮湿、碱性、低盐或无盐环境中可长期存活，具体如下。

（1）怕热不怕低温：霍乱弧菌对热敏感，100℃、1~2分钟即死亡；低温下存活时间延长，在食品上的埃尔托弧菌，在冰箱（5~10℃）保存比室温（30~32℃）存活时间长。

（2）怕干燥不怕潮湿：霍乱弧菌在干燥或阳光直射下数小时即死亡；在淡水及海水中可存活1~3周，并能够寄存在被污染的肉类、牛奶、水果等食物中数天，当附着于藻类或甲壳类动物时，存活时间还可延长。

（3）怕酸不怕碱：霍乱弧菌在酸性环境中可存活1~5分钟，在正常胃酸中仅能生存4分钟；霍乱弧菌具有耐碱性，在pH 8.5~9.2碱性蛋白胨水或碱性琼脂平板上生长迅速。

（4）怕消毒剂不怕营养低：霍乱弧菌对消毒剂敏感，0.5ppm氯15分钟即死亡；霍乱弧菌对营养要求不高，兼性厌氧，在普通培养基上生长良好。

参考文献

[1] 卢明，陈代杰，殷瑜 . 1854 年的伦敦霍乱与传染病学之父——约翰·斯诺 [J]. 中国抗生素杂志，2020，45（4）：347-373.

▲ 1854年英国伦敦的索霍区第三次霍乱暴发

28. 霍乱弧菌的重生与毁灭

在前面几节中，我们跟随小薇了解了霍乱的流行史，霍乱弧菌的致病机制、生物学特性和检测方法、传播途径及抵抗力，那么在“霍乱弧菌”这章的最后一节，让我们一起来聊聊霍乱弧菌的耐药现状及耐药机制，以及该如何预防。

近年来，抗生素的产生和不合理使用，使得细菌面临异常的选择压力，这种选择压力促使细菌通过各种机制获得耐药性，耐药菌在抗生素选择压力下表现出一定的竞争优势，逐渐取代其他菌株转变成为优势菌型，从而造成耐药菌株的播散。研究表明，20世纪60年代之前分离到的霍乱弧菌对大多数抗菌药物敏感性较高，60年代后陆续出现各类抗生素的耐药菌株；20世纪70年代非洲霍乱大规模暴发时期，广泛的、不合理的应用四环素，致使在很短时间内出现携带四环素耐药基因的不兼容性C组质粒，并在霍乱弧菌中播散，从而导致四环素在当时霍乱防治中失效。1992年10月，印度马德里首次爆发了O139群霍乱弧菌引发的霍乱流行，O139群霍乱弧菌的出现使霍乱弧菌对抗生素的耐药形势进一步加剧，尤其是对磺胺甲基异噁唑、甲氧苄啶、链霉素的耐药性达到80%以上，同时对其他抗生素的耐药性也有显著提高[1]。

WHO先后推荐用于防治霍乱的抗生素有四环素、强力霉素、呋喃唑酮、复方新诺明、红霉素、氯霉素、环丙沙星和诺氟沙星，其中多种抗生素已不适用；目前国内常用药物为喹诺酮类药物诺氟沙星和环丙沙星，四环素类药物强力霉素等，但耐药形势日益严峻，喹诺酮类耐药菌株也陆续被报道[1]。

细菌的耐药性问题已经引起人们的广泛关注，但是其耐药机制是非常复杂的，通常涉及药物作用靶位的改变、渗透障碍、代谢途径改变等方面。从分子生物学角度分析，细菌间耐药基因水平传递是细菌产生耐药的重要方式，整合子对细菌基因组进化和耐药性的产生具有重要意义。霍乱弧菌表达两种主要的外排泵介导对多种抗菌药物耐药，一类以ATP水解供能，一类依靠质子泵供能。前者包括VcaM，主要介导对四环素、诺氟沙星、环丙沙星、多柔比星的耐药；后者主要包括MATE、MFS、RND和SMR，其中RND泵出系统由6种操纵子编码，对多种代谢底物具有特异性，介导对多黏菌素B、红霉素、青霉素的耐药。除此之外，研究显示，对红霉素和喹诺酮类耐药的霍乱弧菌，编码DNA旋转酶和拓扑异构酶Ⅳ的*gyrA*、*parC*基因发生突变，推测耐药可能与此有关。2010年科姆（Kim）等研究证实，仅有*gyrA*基因突变的霍乱弧菌在用喹诺酮类抗菌药物治疗的过程中，逐渐发生*parC*基因突变，并随之对喹诺酮类抗菌药物耐药。还有研究表明，基因的水平传递介导霍乱弧菌对多种抗菌药物耐药，一些转座因子，如SXT元件（一种可移动的DNA片段），能够介导宿主菌对磺胺甲噁唑、甲氧苄氨嘧啶和链霉素耐药[2]。

预防霍乱需要做到以下几点。

(1) 注意卫生：霍乱可通过饮用或食用被霍乱弧菌污染而又未经消毒处理的水或食物传播，也可通过接触霍乱患者、带菌者排泄物污染的物品传播。因此，在日常生活中，我们要注意个人卫生，勤洗手，对可能被污染的用品或区域进行消毒，同时要注意饮食卫生，食物或饮用水应在煮熟后食用。

（2）接种霍乱疫苗：新型口服rBS/WC霍乱疫苗现已问世，其安全性较好，与旧的注射用霍乱疫苗相比，新型疫苗可以提供更好、更持久的保护作用。我国研发的rBS/WC口服霍乱疫苗（胶囊型）主要对O1群霍乱有预防作用，同时对产肠毒性大肠埃希菌（ETEC）感染性腹泻有70%的保护作用。

需要注意的是，任何时候出现霍乱症状都应及早就医。与霍乱患者共同就餐或密切接触的人必须接受为期1周的医学观察。

至此，小薇对霍乱的探索之旅暂时画上了句号，但不可忽视的是，霍乱仍是严重威胁人类健康的一种烈性肠道传染病，尤其是在一些经济欠发达、卫生状况堪忧的国家和地区。伴随着耐药菌株的不断出现，人类对霍乱的研究更加具有意义与挑战性。

参考文献

[1] 于礼．中国O139群霍乱弧菌药物敏感性分析和耐药机制研究[D]. 济南：山东大学，2009.

[2] 张爱平，尹艳华，邹玖明．霍乱弧菌耐药机制研究进展[J]. 中国感染控制杂志，2015，14（1）：70-72.

生吃海鲜使不得

——让人瑟瑟发抖的副溶血弧菌

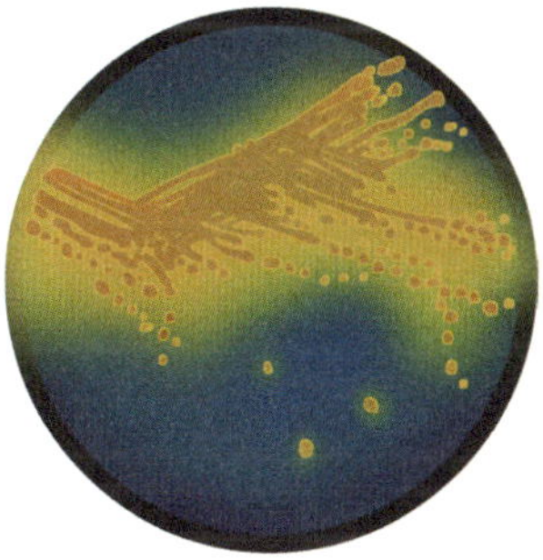

29. 谈弧色变

炎炎夏日，正是海鲜肥美的季节。大螃蟹、金枪鱼、三文鱼、海胆、北极贝、生蚝……是不是一下子就勾起了你的味蕾？但往往越美味的东西越是暗藏危机：一种危害大却鲜少人知的细菌，常存在于近海岸海水、海产品及盐渍食品中，而且，它还能潜伏在美味海鲜之中，它就是副溶血弧菌。副溶血弧菌是引起我国，特别是沿海地区细菌性食物中毒的首要食源性致病菌。

虽说是食源性致病菌，并不是只有食用海鲜才能感染副溶血弧菌。这不，小薇的大伯前段时间就中招了。大伯在挑选牡蛎时皮肤受伤。起初大伯并不在意，直到第二天意识丧失才被送往医院。经过抢救，大伯被确诊为副溶血弧菌感染。大伯的生病引起了周围岛民们的注意。小薇作为相关课题的研究员，被委以重任，向大家普及相关知识，以保护大家的生命财产安全。这不研究不知道，一研究可把小薇吓出了一身冷汗。原来大伯还算是幸运的，没有啥大的伤害，竟然还有人因为被买回来的鱼扎了一下导致感染高热，最后只能截肢才抢回一条命，更有甚者因救治不当而搭上性命的。这些血淋淋的现实更加坚定了小薇给岛民们普及这个无形杀手的决心。

▲ 水产品中的副溶血弧菌

副溶血弧菌是一种多形态的革兰阴性球杆菌。其菌体呈弧状、丝状、杆状等，在不同的培养基会呈现不同的形态。它没有荚膜且没有芽孢，多数菌体在液体培养基中有单端鞭毛，运动性较强[1]。副溶血弧菌具有细胞色素氧化酶，不分解蔗糖，但有能在不产气及不产生硫化氢的情况下分解葡萄糖而产酸等生化特性。副溶血弧菌为一嗜盐性细菌，最适宜盐浓度在0.5%~8%，小于0.5%或者大于8%生长缓慢，在无盐的培养基上不能生长，在含盐浓度过高（10%以上）的培养基上也无法生长。副溶血弧菌对高温和低温都比较敏感，在4℃进入活的静止生长状态[2]；适宜生长的pH为7.5~8.5，pH7.7为其最佳生长pH，在pH低于6的酸性条件下则生长不佳[1]。

初识副溶血弧菌后，小薇不禁感慨其存活能力。再看其生活环境，也往往与人们息息相关。副溶血弧菌广泛分布于江河口、沿海和海洋环境及多种水产品中，人类感染副溶血弧菌事件屡见不鲜。不论是因为伤口感染，还是食用被副溶血弧菌污染过的海鲜产品进而引起自身感染副溶血弧菌，都会引起人类感染性腹泻。副溶血弧菌入体后仅需要经过6~24小时潜伏期，其菌量繁殖达到1×10^5~10^7 CFU/g后，就会出现发热、恶心、呕吐、腹痛和腹泻等症状，其特征之一为中毒者的粪便多呈水样，且常混有黏液或脓血。如果情况严重可引起人们机体的水、电解质和酸碱平衡失常，引起休克甚至导致死亡。因此副溶血弧菌又有肠炎弧菌之称。有文献表明，除了胃肠炎，副溶血弧菌还能导致伤口感染和败血症[3]。

此外，副溶血弧菌不仅可对人类造成伤害，还给水产养殖业带来了巨大的危害。在水产致病细菌中，副溶血弧菌是水产经济动物最常见的致病菌之一，主要感染于鱼、虾、蟹、贝、藻和其他水产品，能引起水生动物发生溃疡、炎症、死亡等[4]。面对副溶血弧菌对养殖业造成的巨大经济损失，人们只能使用抗生素进行治疗和预防，然而水产养殖过程中抗生素的过度使用和不规范使用，导致副溶血弧菌耐药性逐年上升，甚至出现多重耐药和交叉耐药等现象。耐药细菌一旦通过食物链等途径传播给人类，将会导致临床抗生素治疗的失效，进而扩大副溶血弧菌对水产养殖及人类的双重危害[5]，从而进入一个恶性循环。

随着海产品在市场上的广泛流通，我国内陆地区副溶血弧菌感染病例逐年升高，甚至超过沙门菌和志贺菌，因此副溶血弧菌已成为最重要的食源性致病菌。也有数据表明，副溶血弧菌是中国、日本等国最重要的食源性致病菌之一[6]，不仅如此，在美国、法国、新西兰等地也暴发过副溶血弧菌感染。

参考文献

[1] 贾晨，王丹，王琪，等．副溶血弧菌检测方法的研究进展 [J]. 食品安全导刊，2021，(20)：106-107，110.

[2] 姚斐，寇运同，陈刚，等．副溶血弧菌菌株 1211U 的活的非可培养状态 [J]. 海洋科学，2000，24 (6)：52-54.

[3] 马立芝，郭李平，邱业峰．副溶血弧菌的致病机制 [J]. 生物技术通讯，2013，24 (06)：871-876.

[4] 冯艳琴，万夕和，沈辉，等．水产动物副溶血弧菌的拮抗菌研究进展 [J]. 微生物学杂志，2021，41 (1)：99-106. DOI：10.3969/j.issn.1005-7021.2021.01.013.

[5] 李翠苹，翟倩倩，王想，等．对虾养殖池副溶血弧菌的分离鉴定及其耐药特征、毒力基因分析 [J]. 渔业科学进展，2020，41 (6)：174-180.

[6] GUO X C，XI N J，ZHOU X H，et al. Distribution，Prevalence，Molecular Typing，and Virulence of *Vibrio parahaemolyticus* Isolated from Different Sources in Coastal Province Jiangsu，China [J]. Food Control，2009，20 (10)：907-912.

30. 小小副溶血弧菌是如何兴风作浪的呢

小薇将自己的发现告诉了自己的大伯。一家人听后也是吓出一身冷汗，不禁感慨道，小小的细菌不仅对水产动物有影响，还给人类的生命安全及经济带来了不可忽略的影响。此时大伯又问了一句，如此不起眼的副溶血弧菌是如何兴风作浪的呢？小薇翻阅各种资料后给大伯和村民们介绍了副溶血弧菌的致病机制，主要包括以下几大类。

（1）黏附性：黏附是病原菌引起感染的首要条件，病原菌表面的黏附结构与宿主的靶细胞表面受体相互作用黏附在一起，是病原菌感染的第一步。目前研究表明，副溶血弧菌一般入侵人类的肠道系统，进而黏附于人类的肠道，从而引起人类的感染。副溶血弧菌的黏附作用主要与纤毛及细胞血凝素有关，有待进一步的研究考究。

（2）侵袭性：副溶血弧菌的侵袭性也十分强大，副溶血弧菌突破宿主第一道生理免疫防御屏障后，能进入宿主体内进行定殖、繁殖和扩散。有研究发现，将具有溶血现象的副溶血弧菌株接种在新西兰大白兔结扎回肠袢中，随后进行组织病理学检查，发现该菌株能进入回肠，而且在心脏、肝脏和胰脏组织中都能分离到该菌株。这表明副溶血菌株不仅定植于肠道的表面，还可能通过循环系统或者淋巴系统侵入到更深的组织[1]。

（3）溶血性：提到副溶血弧菌就少不了其毒素的威力，副溶血弧菌主要有三种溶血素：耐热直接溶血素（TDH）、耐热直接溶血相关毒素（TRH）、不耐热溶血素（TLH）[2]。目前溶血素被认为是副溶血弧菌最重要致病作用的关键，其作用机制待后面给大家娓娓道来。

（4）Ⅲ型分泌系统（T3SS）：虽然溶血素是副溶血弧菌的主要毒力因子，但副溶血弧菌的TDH和TRH基因缺失株也能引起细胞凋亡，这证明副溶血弧菌还存在其他致病机制。有数据证明，副溶血弧菌中有两组编码T3SS的基因簇T3SS-1和T3SS-2。在志贺菌和沙门菌及肠道病原性大肠埃希菌等能引发痢疾的多种细菌中，T3SS是一种处于核心地位的毒力因子。因此，T3SS也可能是副溶血弧菌的一种重要致病因子[3]。

（5）尿素酶：副溶血弧菌会产生尿素酶，有研究人员发现纯化的尿素酶可以引起乳鼠的肠液积聚现象，从而表明尿素酶是一个重要的毒力因子[4]。

（6）蛋白酶：副溶血弧菌分泌到菌体细胞外的蛋白酶在感染宿主时发挥了重要作用。从一株不含TDH和TRH基因的副溶血弧菌临床分离株中得到一种蛋白酶A，通过细胞毒理学实验发现纯化后的蛋白酶A对实验细胞具有明显的毒性作用，且对红细胞有溶解活性，还可造成组织溶血，严重时可引起小鼠死亡。

（7）脂多糖：是细菌内毒素的主要物质，研究证明副溶血弧菌的脂多糖对鼠类腹膜巨噬细胞致病活性有一定的影响，它可改变腹膜巨噬细胞的溶酶体酶活性。

（8）外膜系统：外膜蛋白是革兰阴性菌（包括副溶血弧菌）细胞壁特有的成

分，它在菌体自身结构稳定和物质转运过程中起着重要作用。此外，在感染宿主时，它介导着与宿主的相互关系，是决定宿主免疫反应的重要因素[5]。

(9) 摄铁系统：铁是一些致病性细菌生长繁殖必不可少的元素。有研究发现，在不含铁的副溶血弧菌培养基中适当增加铁离子，可引起实验鼠更高的死亡率；在铁缺乏的培养基中副溶血弧菌有更强产TDH的能力。

总结来说，副溶血弧菌的致病机制是多方面、多因素共同作用的结果，所以需要综合分析。但到目前为止，副溶血弧菌各种致病机制之间的相互作用还不明确，有待更多的研究。大伯和村民们听后也纷纷感慨：弧菌虽小，“五脏”俱全，知识真是越学越多。

参考文献

[1] BOUTIN B K，TOWNSEND S F，SCARPINO P V，et al. Demonstration of Invasiveness of *Vibrio parahaemolyticus* in Adult Rabbits by Immunofluorescence [J]. Applied and Environmental Microbiology，1979，37（3）：647-653.

[2] 李毅，朱心强 . 副溶血弧菌及其溶血毒素研究进展 [J]. 中国卫生检验杂志，2008，18（12）：2835-2839.

[3] 俞盈，吴蓓蓓，方维焕 . 副溶血弧菌的Ⅲ型分泌系统 [J]. 微生物学报，2009，49（7）：848-852.

[4] CAI Y，NI Y. Purification，Characterization，and Pathogenicity of Urease Produced by *Vibrio parahaemolyticus* [J]. Journal of Clinical Laboratory Analysis，1996，10（2）：70-73.

[5] 叶明芝 . 副溶血弧菌外膜蛋白多价保护原的研究 [D]. 广州：中山大学，2007.

31. 揭秘副溶血弧菌性食物中毒

我们了解到，副溶血弧菌是通过自身各种神秘的系统及相关毒素等对人和水产动物造成巨大伤害的。那么，就让小薇给我们科普一下，副溶血弧菌是怎样传染到我们人类身上的？它又是通过什么途径危害我们人类的？知己知彼，方能百战不殆，我们只有了解这些才能尽可能地避免大伯的经历发生在其他渔民身上。

副溶血弧菌分布极广，广泛存在于海洋环境中。它在海洋环境中的分布与海水的温度有关。夏季时海水中的菌含量最高，且其密度与海水温度呈正相关[1]。我国华东地区沿岸的海水中副溶血弧菌检出率为47.5%~66.5%，海产鱼虾的平均带菌率为45.6%~48.7%，夏季可高达90%以上。除海产品外，畜禽肉、咸菜、咸蛋、淡水鱼等都发现有副溶血弧菌的存在。下面让小薇带着大家从多个方面来深入了解一下副溶血弧菌吧！

我国各个地区的疾控中心都有副溶血弧菌的详细资料，因为它在食源性感染事件中起着重要作用，尤其是沿海城市，更少不了副溶血弧菌的身影。从众多资料中不难看出，副溶血弧菌的主要流行病学特征如下。

(1) 传染源：副溶血弧菌感染者在发病初期排菌量多，可成为传染源。随后其排菌量迅速减少，一般不会在人群内引起传播。人群中一过性带菌和亚临床型感染是存在的，但健康人群带菌率很低。副溶血弧菌感染主要与进食或接触海产品有关，带菌率较高的海产品有蛏、杂鱼、梭子蟹、寻蟹、虾、贻贝、带鱼、墨鱼等。除了海产品，由于酒店的海鲜和河鲜混养，导致副溶血弧菌有扩大污染淡水产品的可能[2]。因此，肉、禽、咸菜和凉拌菜亦可成为引起副溶血弧菌感染的传染源。

（2）传播途径：副溶血弧菌主要通过粪口途径传播。①生食海产品是最主要的传播途径。副溶血弧菌在海产鱼、贝类运输或贮存条件适宜时即可大量繁殖，迅速达到致病载量，导致食用者产生相关的临床症状。②烹调加热不充分，被污染的凉菜也是一大传染源，甚至在某些条件适宜的冰箱里都可能引起副溶血弧菌的感染，加之烹调加热不充分成为传播途径之一。③交叉污染。烹调过的食物盛于被污染的容器内或使用被污染的厨具再加工其他食品时，可引起感染，如生熟砧板的混用等。

（3）易感人群：男女老幼均可患病，数据显示以青壮年为多[3]。分析其原因，可能是因为青壮年人在外就餐次数较多，进而增加副溶血弧菌感染的风险。感染副溶血弧菌后可产生低滴度的血清抗体，但很快消失，故可多次感染。经常暴露于少量细菌环境中的人，感染后临床症状一般较轻，如渔民大多有生食或半生食某些海产品的习惯，暴露机会甚多，但发生食物中毒者并不多，即使发病，症状也较轻。但内陆人员到沿海地区时，饮食稍有不慎，屡见发生病情较重的食物中毒。

（4）地区分布特点：日本及我国沿海地区是副溶血弧菌食物中毒发病率的高发区。我国有3.2万公里的海岸线，海产品在我国东南沿海地区十分盛行。据调查，我国沿海水域、海产品中副溶血弧菌检出率较高，近年来沿海地区的食物中毒病例中，副溶血弧菌已成为首要病原菌[4]。随着海产食品的市场流通，内地也有副溶血弧菌食物中毒的散在病例。

（5）季节性特点：调查数据显示[5]，夏、秋季发生急性腹泻的患者副溶血弧菌大流行株检出率高于春、冬季的患者。导致这一结果的主要原因可能为夏、秋季的适宜温度为副溶血弧菌大流行株生长提供有利环境。在30~35℃的环境中副溶血弧菌生长较快，因此夏、秋季的湿度、温度为副溶血弧菌的生长提供了适宜的环境。此外，夏、秋两季天气适宜，人们外出聚会频次更高。不论是高档酒店还是路边小摊，都是客流不断。而此两季的海鲜肥美，品种丰富，正是人们食用海鲜的季节，这也让人们有了更多感染副溶血弧菌的机会。

听完小薇的讲解，大伯一拍大腿点了个赞，夸奖小薇讲解全面，顺带吃醋地说道："你这了解副溶血弧菌的精神比了解你大伯我的喜好都来劲呀！"听完大家都哈哈大笑。

参考文献

[1] DUAN J Y，SU Y C. Occurrence of *Vibrio parahaemolyticus* in Two Oregon Oyster - Growing Bays [J]. Journal of Food Science，2005，70（1）.

[2] 马聪，严纪文，朱海明，等. 2005 年珠江三角洲地区生吃水产品中副溶血弧菌污染调查 [J]. 中国卫生检验杂志，2006（3）：341-343.

[3] 王慧云，孙中木. 副溶血弧菌感染的临床和实验研究 [J]. 中国自然医学杂志，2004，6（2）.

[4] 金周浩. 副溶血弧菌的分子检测与基因分型研究 [D]. 杭州：浙江工商大学，2008.

[5] 王海涛，刘志东，劳家辉，等. 浙江省气温对其他感染性腹泻的滞后效应及影响因素 [J]. 中华流行病学杂志，2019，40（8）：960-964.

32. 隐匿的武器——副溶血弧菌毒素

小薇给大家讲了这小小的副溶血弧菌有着极其复杂的致病机制和特有的生物构造，正是这些特性使得它到处兴风作浪。但是小薇还留了一个小小的悬念，那就是副溶血弧菌的毒素是怎样引起我们人类的肠炎、伤口感染和败血症的呢？

虽说“谈弧色变”，但并不是所有的副溶血弧菌都有致病性。那些自然出现在海洋环境及河口中的大多数副溶血弧菌菌株都是无致病性的。但是，一些菌株获得了毒力因子后便有了致病性。“神奈川现象”是鉴定致病性与非致病性菌株的重要指标之一，该现象表现为：一些致病性菌株能在含7%的氯化钠的人O型血或兔血我妻氏平板上产生β溶血。致病性的菌株通常至少具有两种主要致毒毒力因子中的一种，即耐热直接溶血素（TDH）和耐热相关溶血素（TRH）[1]，此外还有相关报道提到了不耐热溶血素（TLH）。

(1) 耐热直接溶血素（TDH）：TDH是一种同质二聚体蛋白，具有一定的耐热性，经100℃、10分钟不能被灭活，由*tdh*1和*tdh*2两个基因编码。TDH是一种成孔素，其在红细胞膜上形成一个约2纳米的孔隙，导致膜被穿透破坏及胞内溶胶的渗透而裂解。TDH对人、兔和羊的红细胞具有溶血作用，对马的红细胞则不具有溶血作用。TDH还可使阳离子渗透率增加，并活化内源性钾离子通道，破坏丝氨酸磷脂的结构，从而在一定程度上导致钾离子的流失，使细胞内外的渗透压失衡。另外，TDH还具有心脏毒性、细胞毒性和肠毒性。TDH初期作用于小肠上皮细胞，其主要引起细胞外钙浓度增加，从而引起钙离子激活的氯离子通道开放，使其分泌增加，这是其引起腹泻的致病机理[2]。

（2）耐热相关溶血素（TRH）：有学者研究从一批急性肠胃炎患者中分离得到一种神奈川现象阴性的副溶血弧菌发现，其能产生一种新的溶血毒素，后将其提纯分析后发现其与TDH有相似的免疫原性，抗原性有部分交叉，因此命名为TRH。TRH不耐热，在60℃、10分钟条件即被灭活。TRH和TDH在氨基酸序列上有67%的同源性，同时，TRH和TDH也具有一些相同的生物学特性，如溶血活性、肠毒性、细胞毒性和心脏毒性。因此，TRH也被认为是副溶血弧菌的主要毒力因子之一。TRH与TDH一样，也能诱导人类结肠上皮细胞分泌氯离子。人类结肠上皮体外培养发现，TRH使细胞外钙浓度增加，激活钙离子介导的氯离子通道开放，使氯离子从细胞基底部向细胞顶部分泌，导致氯离子分泌增加，从而引起腹泻[3]。体外多种实验都表明TDH和TRH两种溶血素是副溶血弧菌引起腹泻的重要毒素，但其产生的毒素量并不足以引发严重的腹泻。因此，副溶血弧菌引起腹泻等急性胃肠炎的症状，可能还存在其他致病机制，有待我们研究。值得一提的是，TRH基因与我们之前提到的尿素酶基因均位于小染色体上，且具有一定的基因连锁效应。

（3）不耐热溶血素（TLH）：TLH是一种非典型的磷脂酶，本身并没有直接的溶血作用，需要在卵磷脂存在的情况下才有溶血活性[4]，对人、马的红细胞均比较敏感，也可以溶解绵羊红细胞，具有一定的种属特异性。它主要分泌于副溶血弧菌的细胞外。TLH在副溶血弧菌中的功能和致病性尚不明确。

总的来说，副溶血弧菌致病机制复杂，其隐藏的毒素“武器”无处不在。

虽然我们看不到甚至摸不到它们，但是这些毒素对我们的伤害却是极大的。目前各个研究报道主要着重于上述三种毒素，而国内外研究学者也非常努力地去揭开副溶血弧菌面纱下伤害人们和水产动物的神秘全貌。其间，岛民们因为深受其害，就更要认真地学习及了解副溶血弧菌，以减少副溶血弧菌对岛民的伤害。

参考文献

[1] PETRONELLA N，RONHOLM J. The Mechanisms That Regulate *Vibrio parahaemolyticus* Virulence Gene Expression Differ Between Pathotypes [J]. Microbial Genomics，2018，4（6）：e000182.

[2] 李志峰 . 副溶血弧菌的溶血毒素研究现况 [J]. 解放军预防医学杂志，2003，（1）：73-75.

[3] SHIMOHATA T，TAKAHASHI A. Diarrhea Induced by Infection of *Vibrio parahaemolyticus* [J]. Vournal of Medical Investigation，2010，57（3-4）：179-82.

[4] 金周浩，宋达锋，顾青 . 副溶血弧菌致病因子与耐热直接溶血毒素的研究进展 [J]. 水产科学，2008（6）：320-324.

33. 一网打尽副溶血弧菌

前面讲到了副溶血弧菌的生物学特征、危害及流行病学的相关内容。那大伯不禁问道，小小的细菌，看不到摸不到，我们又怎么能抓到呢？小薇自信一笑，我们自有办法。如今，对于副溶血弧菌的培养及鉴定方法，从最初的培养到现在的分子生物学方法，不愁不能够把它们一网打尽。

培养法

培养法几乎是所有细菌最传统的检测方法，其检测步骤是用3%氯化钠碱性蛋白胨水将样品增菌培养后，转种至相应培养基，置于37℃恒温培养18~24小时，观察菌落的形态特征，挑选疑似菌株进行相应的生化实验及血清学鉴定。此方法还可以加上神奈川实验进行菌株毒力测定。目前有特定的副溶血弧菌显色平板，是一种预制型的培养基，采用快速扩散技术、新一代微生物显色等创新技术，可实现菌落的快速增殖和判读，提高实验室的检测效率。

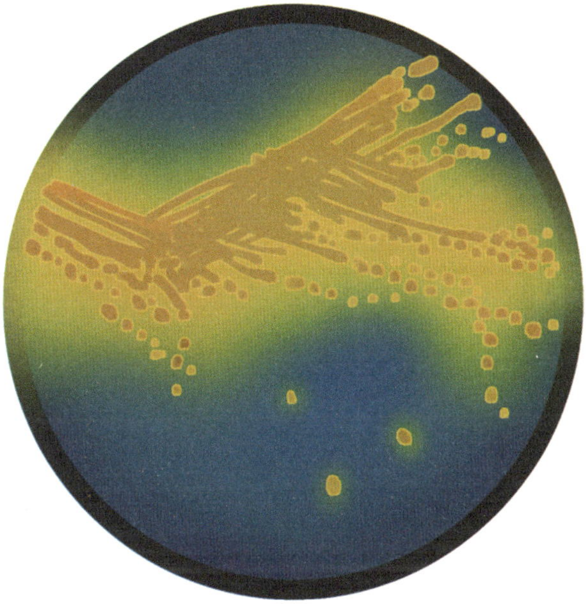

▲ 显色培养基下的副溶血弧菌

免疫学检测方法

免疫学检测是根据抗原、抗体反应的原理，利用已知的抗原检测未知的抗体，或利用已知的抗体检测未知的抗原[1]。

酶联免疫吸附法：在载体表面先固定抗原或抗体，再发生抗原抗体反应，酶与底物发生显色反应，洗涤后通过检测吸光值进行分析，可以进行定性或者定量分析。

免疫层析法：免疫层析法以硝酸纤维素膜为固相层析载体，通过毛细作用使样品溶液在层析膜上流动，同时使样品中的待测物与层析载体上待测物的抗原或抗体发生免疫反应。层析过程中免疫复合物被富集或截留在层析膜的一定区域（检测带），通过可目测的标记物（胶体金）而达到直观的实验现象，而游离的标记物则越过检测带，达到与结合标记物自动分离的目的。

免疫磁珠分离技术：利用磁珠上包被特异性抗体与抗原发生亲和反应，从复杂的样品组份中分离目标抗原。再利用磁珠的磁响应性，实现对目标抗原的富集。该技术灵敏度高、特异性强、分离富集速度快、适用范围广。

免疫传感器：基于抗原抗体特异性反应前后重量、光学、热学及电化学等信号的改变，国内外研究者开发了多种免疫传感器。

除上述主流免疫检测法外，还有基于抗原抗体特异性结合反应的检测方法，如乳胶凝集反应、免疫共沉淀、流式细胞术、免疫荧光显微镜等。

分子生物学方法

扩增技术是分子生物学领域重要的研究手段，人们基于此形成了多种方法。

聚合酶链反应（PCR）法：根据致病菌的基因序列设计并合成引物，扩增细菌的目标DNA片段，最终达到检测的目的。目前常见的有常规 PCR、多重PCR 、荧光定量PCR等。

恒温核酸扩增（Loop-Mediated Isothermal Amplification，LAMP）法：这是一种新颖的恒温核酸扩增方法，其特点是针对靶基因的6个特定区域设计4种特异引物，利用一种高链置换DNA聚合酶在等温条件件扩增，反应持续约1小时。

DNA适配体传感器：利用适配体目标物反应的高亲和性和分子识别的特点，将适配体固定在传感器基体上，通过传感技术使吸附时发生的物理化学电学或光学上的变化，转变成可检测的信号来测定环境中待测分子的浓度。

DNA杂交技术：将不同来源的DNA加热变性解离成单链，接着把两种来源的DNA单链在60℃下反应一段时间，互补的DNA单链就会重新形成双螺旋结构，即杂合双链。根据DNA碱基互补原理，从基因水平对细菌等进行检测和鉴定，DNA探针可以和特定微生物的核酸相结合，具有很高的特异性和敏感性。

其他方法

除上述常见方法，检测副溶血弧菌还有很多方法，如传统的最大计数法、纳米PCR技术、噬菌体法、DNA指纹图谱技术、变性高效液相色谱技术等。

综上，副溶血弧菌是水产中最重要的食源性致病菌之一，且发病率逐年升高[2]。为了我们的食品安全，我们应该重视其长期有效的检测技术手段。

参考文献

[1] 温灿，顾小松，王荣智 .副溶血弧菌检测方法研究进展 [J]. 福建农业学报，2015（7）：709-717.

[2] XIE T F，XU X K，WU QP，et al. Prevalence，Molecular Characterization and Antibiotic Susceptibility of *Vibrio parahaemolyticus* from Ready-to-Eat Foods in China [J]. Frontiers in Microbiology，2016，21（7）：549-559.

34. 提防凶险的副溶血弧菌

大伯从入院到出院，经过一段时间的悉心调理，基本痊愈了。我们的副溶血弧菌科普也进行到了最后一节，那就是面对如此凶险的副溶血弧菌，我们应该采取什么样的防治手段？

首先来介绍下预防措施吧。

(1) 源头教育：监管部门对海产品及其生长环境中副溶血弧菌的污染状况进行有效监控是非常必要的。对污染程度高的海域可采取禁止捕获或关闭养殖场等措施，防止高风险食品进入消费市场；而对污染程度较轻的海域，则可采取控制海产品的采收时间和采收方式及暂养或净化等措施，降低该菌的污染。岛民们要听从国家相关部门的安排，尽最大的努力从源头降低副溶血弧菌的污染。此外，消费者可以通过健康卫生的食品加工程序而降低感染的危险性。例如，在足够低温条件下存储海产品以防止副溶血弧菌快速繁殖，避免即食食品与未处理海产品交叉污染，对海产品充分烹饪。商家在出售海产品时也要给消费者科普海产品相关危害，使其严格处理海产品，减少污染。

(2) 物理控制：前面讲到了副溶血弧菌广泛分布于海域中，要使从海洋中收获的海产品完全免受该菌的污染是很难做到的，因此采取有效的抑菌措施也非常重要。①低温：目前普遍采用的有效措施为低温处理。采用低温方法控制该菌的繁殖应在产品采收后立即进行，并且应贯穿于运输、贮藏和销售等所有环节中[1]。②高温：前面讲到了副溶血弧菌的物理特性有不耐热，56℃加热5分钟，或90℃加热1分钟即可将其杀灭。可见，将食品煮熟后食用是预防副溶血弧菌感染的最有效方法。③高压处理及电离辐射：副溶血弧菌对高压（或高静液压处理）及辐射具有敏感性。此方法不会影响食物的营养、口感等，但是由于成本太高而受到限制。

（3）化学控制：①消毒剂和生物活性剂可以杀灭副溶血弧菌，因此可用于海产品的消毒。②食醋具有消毒和很强的杀菌作用；新鲜大蒜原液对副溶血弧菌作用30分钟杀灭率可达100%，一般不建议凉拌海产品，但是食用煮熟过的凉拌海产品时加入大蒜液及食醋，放置十分钟可有效预防副溶血弧菌滋生[2]。这也是我们生活中经济常见的预防副溶血弧菌中毒的办法。

（4）生物控制：利用益生菌的生物拮抗作用来抑制副溶血弧菌生长，目前有乳酸菌、芽孢杆菌等少数益生菌用于水产养殖病害的防治。但是其抑菌机制尚不明确，且不同益生菌的敏感程度不一[3]，需要进一步研究。

我们了解了副溶血弧菌防护措施后就要做到科学防护，避免感染。如果像大伯不小心感染了，那就需要根据症状及时就医，避免引起严重后果。

（1）药物治疗：患者入院后可立即给予广谱抗菌药物及抗病毒药物治疗，但检测结果出来后，应及时根据检测结果及药敏鉴定结果选用合适的药物，杜绝抗生素滥用情况的发生。另外，腹泻患者一定要注意补液，对于轻度脱水患者可采用口服补液盐进行有效的补液；而对于中重度脱水患者，则应在密切监测的前提下进行静脉补液[4]。

（2）护理调养：根据患者相应症状进行对症治疗。例如，呕吐患者要及时止吐，发热患者要采取降温措施，腹痛腹泻患者要热敷止泻及观察大便性状，如有必要留取标本进行化验等[5]。同时在患者饮食上进行一定的指导，心理上也要给予一定的支持安慰及健康知识宣教。

总结来说，针对副溶血弧菌，我们在预防上应坚持三原则：防止污染、控制繁殖和杀灭病原菌。在治疗上轻者予以对症支持治疗，不需用抗菌药物；对症状重、婴幼儿、老年人及有并发症者应使用抗菌药治疗，防治结合，健康生活。

最后，小薇告诉大家，本书中还有很多健康生活防治病原菌污染的小窍门，如生熟砧板分开等通用小妙招等待大家自己去找寻总结哟！

参考文献

[1] 陈瑞英，鲁建章，苏意诚，等. 食品中副溶血弧菌的危害分析、检测与预防控制 [J]. 食品科学，2007，28（1）：341-347.

[2] 王晓燕，李剑森，邓小玲. 副溶血弧菌食物中毒的危险因素及预防 [J]. 国际流行病学传染病学杂志，2012，39（6）：427-430.

[3] ANDREWS L S，PARK D L，CHEN Y P. Low Temperature Pasteurization to Reduce the Risk of Vibrio Infections from Raw Shell-Stock Oysters [J]. Food Addit Contam，2000，17（9）：787-91.

[4] 钱学贞，雷平光，甘艳军，等. 我院感染性腹泻的流行现状及护理对策研究 [J]. 海南医学，2017，28（2）：334-335，336.

弯曲菌的弯弯绕绕

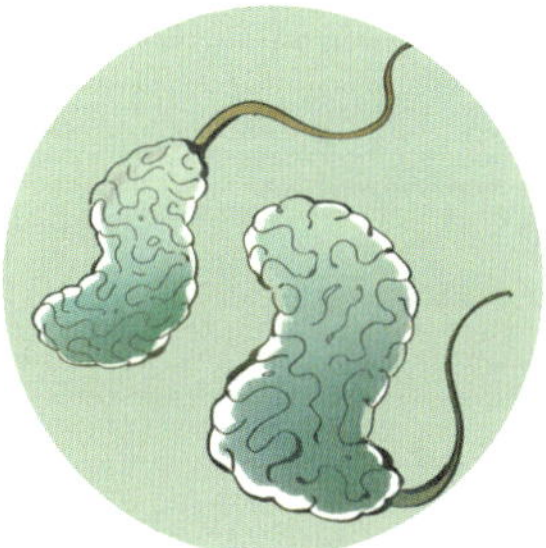

35. 名声在外不在内

2022年8月一个普通的下午，学艺术的小明正在和消化科医生妈妈看新闻，他饶有兴趣地聊道："妈妈，你看美国马里兰州的巴尔的摩正在举办'巴尔的摩最佳杂志'庆祝活动哎，活动上有好多人呀，好热闹啊！"妈妈和小明一起看了庆典活动的新闻，这真是一个非常有节日氛围的活动。然而过了几天，小明跟妈妈说道："妈妈，听说在巴尔的摩那个庆典活动后，有好多参加的人感觉肚子不舒服，美国的卫生官都去调查了，说是可能暴发了弯曲菌的感染。妈妈，你在工作中有没有遇到过，这是什么菌啊，很厉害吗？""我还是大概知道一些的。"小明妈妈答道。

弯曲菌，顾名思义就是长得弯弯的细菌，较长的弯曲菌可有4~5个弯曲。弯曲菌属常见菌种，包括空肠弯曲菌、大肠弯曲菌、胎儿弯曲菌等。

弯曲菌都生长在哪里呢？

弯曲菌广泛分布于自然界，是一种人畜共患的细菌，野生动物、家畜及宠物都是弯曲菌的重要宿主。许多国家已经从猪、牛、绵羊、鸡、鸭、鸽子的肠道中检出较高的带菌率。感染的动物通常无明显病症，但可长期向外界排菌，从而引起人类感染。大多数弯曲菌感染是通过吃生的或未熟透的家禽而导致的；在一些卫生条件有限的地区，水源性传播最多见，河水、溪水、山泉、井水中均可分离出弯曲菌；饮用未消毒的牛奶也是重要的感染原因；直接与带菌动物接触，常是屠宰场工人和儿童感染的原因。弯曲菌感染性很强，很少量的弯曲菌即可引起感染，生鸡肉的一滴汁液含有的弯曲菌量就足够引起人的感染。国际旅行是感染弯曲菌的途径之一，多发生于从发达国家前往发展中国家的旅行者[1]。

为什么弯曲菌引起的腹泻在中国比较少听说，而发达国家报道较多？

巴尔的摩庆典活动就是一次较大规模的弯曲菌感染事件，之前也有许多发达国家集中感染的案例。2013年1月，意大利报道了一个幼儿园出现20例儿童腹泻，经实验室确诊这些儿童腹泻的原因为空肠弯曲菌感染[2]。发达国家报道的弯曲菌感染比我们比较了解的志贺菌、沙门菌引起的腹泻更多，弯曲菌是发达国家最常见的肠道致病菌。美国食源性疾病主动监测网络（Food Net）的数据表明，每年美国弯曲菌感染人群，每10万人中约有20例确诊病例，更多的病例未被诊断或报告。美国疾病控制与预防中心估计，弯曲菌感染每年影响150万美国居民。大多数病例症状较轻，许多患者没有或者虽然就诊但未进行病原学检查，故实际感染人数可能比报告的人数高。而发展中国家，大多尚未建立主动监测系统，所获资料多来自一些零星报道及实验室数据。

“妈妈，这个弯曲菌感染还是挺常见的，那它会引起什么样的症状啊？”小明问。妈妈说：“看来你还真的挺好奇的，那妈妈给你一点点仔细地讲，就当给我们学艺术的小朋友一个了解妈妈工作的机会了。”妈妈决定把弯曲菌好好给小明介绍介绍。

▲ 电镜下的空肠弯曲菌

参考文献

[1] 吴蜀豫，张立实，冉陆．弯曲菌及弯曲菌病的流行现状 [J]. 中国食品卫生杂志，2004，16（1）：58-61.

[2] LUCARELLI C，DIONISI A M，TREZZI L，et al. Molecular and Epidemiological Analysis of a Campylobacter Jejuni Outbreak in Northern Italy in November 2013 [J]. Foodborne Pathogens and Disease，2016，13（9）：490-494.

36. 不只是肠道腹泻

“小明，从这次庆典活动腹泻暴发和一些以前的报道其实能够发现，弯曲菌感染最主要的一个症状就是腹泻。”小明妈妈认真地跟小明解释。

“嗯嗯，妈妈，我看出来了，腹泻是弯曲菌感染最明显的表现了。但是我在想，人一般拉肚子了，还会有恶心、呕吐，或者发热的症状。弯曲菌感染也是会这样的吗？”

“是的，弯曲菌感染者通常会腹泻（通常是带血的）、发热和胃痉挛。腹泻时可能伴有恶心和呕吐。症状通常在感染后2~5天开始出现，持续约1周，是有自限性的。如果你的免疫系统比较强，就可以打败弯曲菌，症状就会好转。但是有些人会出现并发症，如肠易激综合征、暂时性瘫痪和关节炎等，但是比例并不高。有研究表明，预估有5%~20%的弯曲菌感染者会在有限的时间内发展为肠易激综合征，1%~5%的感染者发展为关节炎。在免疫系统较弱的人群中，如血液病患者、艾滋病患者或者正在接受化疗的患者，弯曲菌偶尔会传播到血液中，有欧洲地区的相关报告显示，弯曲菌相关血流感染的发病率约为1%[1]，且有可能会危及生命。”

“那这个细菌感染还会引起其他比较严重的疾病吗？它看起来没有那么简单。”小明认真地问道。

“那妈妈就要和你讲一个很专业的词，是一种疾病的名称，叫做吉兰-巴雷综合征（Guillain Barre Syndrome），也叫作格林–巴利综合征，一般医学界简称它为GBS。它是由空肠弯曲菌引起的一种严重疾病。根据流行病学研究，大约每1000例报告的弯曲菌病患者中就有一例发展为GBS。多数GBS患者起病前1~4周可能有胃肠道或呼吸道感染症状或疫苗接种史。GBS患者通常急性或亚急性起病，一开始症状为肌无力，几天至2周发展到高峰，常见类型为上升性麻痹。首先出现两腿无力，典型者在数小时或短短数天后无力从下肢上升至躯干、上肢，或累及脑神经，通常有手套袜子样的感觉异常，有时甚至瘫痪，这种情况可能持续数周，通常需要重症监护处置。大多数患者会完全康复，但也有一些患者神经受到永久性损伤。”

“这么严重啊！但是看起来引起GBS的弯曲菌好像没有什么特别之处。不是所有的弯曲菌都会引起GBS，是吧，妈妈？”

“是的，目前很多研究显示，空肠弯曲菌的特定血清型引发GBS的概率更高，如空肠弯曲菌的HS：19型、HS：2型和HS：4型更容易引发GBS的。”[2]

“妈妈，除了空肠弯曲菌这么厉害以外，其他的弯曲菌厉不厉害啊？”

“除常见的空肠弯曲菌、大肠弯曲菌、直肠弯曲菌这一类一听就和肠道相关的外，还有一种比较重要的弯曲菌，叫作胎儿弯曲菌，主要与菌血症和肠外感染有关，会引起身体深部组织感染性疾病。胎儿弯曲菌常导致人类肠外感染，如脓毒性流产、菌血症、脑膜炎、关节炎、蜂窝组织炎、动脉瘤感染等，是个非常难缠的家伙呢。”

“看来这种细菌还是很厉害的。妈妈，接下来你能给我讲讲它是怎样致病的吗？”

参考文献

[1] KOBAYASHI Y，SHIBATA S，YAGI T. Molecular Epidemiology and Antimicrobial Susceptibility Profiles of Campylobacter Jejuni Isolated from Bloodstream Infections and Enteritis in Japan [J]. Diagnostic Microbiology and Infectious Disease，2022，103（2）：115681.

[2] 崔国静，李勤 . 吉兰 – 巴雷综合征的研究进展 [J]. 中国当代医药，2018，25（6）：25-27.

37. 肠道黏附侵袭的好手

“小明，说到这种菌怎样致病前，想不想知道它是怎么被发现的？”

“好呀，快跟我说说，我最喜欢听故事了。”

“其实早在19世纪80年代，德国腹泻婴儿的粪便中就可能观察到过弯曲菌，只是没有明确的证据。第一次公认发现弯曲菌的事件是在1913年，麦克费登（McFadyen）和斯托克曼（Stockman）两位学者发现这类生物体与绵羊流产有关。1918年，另一位学者史密斯（Smith）进行了确证试验，从流产的牛胎儿中分离出了类似的生物体。这些生物体呈螺旋状，最初被归入弧菌属，因此史密斯将其命名为“胎儿弧菌”。所以一开始这类生物体被认为与动物有关，主要导致牛的腹泻和羊的感染性流产，是一种机会性人类病原体。1947年，首次发现人类可感染这类生物体，且其主要与妊娠感染相关，导致胎儿死亡。1963年，弯曲菌属才被提出。直到最近30年，弯曲菌才被认为与人类疾病息息相关[1]。”

“听起来它的发现过程还是很曲折的，一开始以为它是只有动物才能感染的细菌，后来才发现人也能感染，这是不是叫作人畜共患细菌？”

“是的，这个词用得准确。它主要引起腹泻，是很多因素共同作用导致的。首先弯曲菌菌体的一端或两端有鞭毛，可以帮助它自主运动。当它在肠道中时，会进行有特征性的螺旋状运动，具有侵袭性。像空肠弯曲菌，会侵入大小肠黏膜，穿入上皮细胞，使黏膜刷状缘受损，局部发生溃疡甚至出血。

“妈妈，如果弯曲菌只有鞭毛，引起的腹泻也不会很严重吗，是不是还有别的原因？”

“嗯，除有动力的鞭毛外，部分弯曲菌还会分泌肠毒素。如最常见的空肠弯曲菌，会分泌细胞致死性膨胀毒素（CDT）。很多细菌都会分泌这种毒素，比如常听到的大肠埃希菌、志贺菌等。这种毒素进入人体细胞的细胞核，阻断人体细胞分裂繁殖过程，细胞核就会碎裂，细胞膨胀并最终死亡，导致肠道炎症加重。部分空肠弯曲菌可产生热敏肠毒素。这种毒素与霍乱肠毒素相似，可导致肠道中水分和氯化物分泌过多，并抑制钠的再吸收。肠液分泌过多，肠蠕动增快，患者泻出大量水样便，所以临床上容易误诊为病毒性肠炎[2]。”

“我大概懂了弯曲菌引起腹泻的原理，那你说的胎儿弯曲菌会引起动物和人流产，这又是什么原因啊？”

“胎儿弯曲菌会侵袭动物或人的子宫和输卵管，在其中繁殖，引发炎症，导致胎儿流产。胎儿弯曲菌分离不多，且致病机理比较复杂，你以后对这个感兴趣的话可以再好好关注。”

“谢谢妈妈，我感觉我又学到了很多知识。我现在很好奇，这个弯曲菌到底长啥样子呀？”

▲ 人畜共患的弯曲菌

参考文献

[1] BOLTON D J. Campylobacter Virulence and Survival Factors [J]. Food Microbiology，2015，48：99-108.

[2] TEGTMEYER N，SHARAFUTDINOV I，HARRER A，et al. Campylobacter Virulence Factors and Molecular Host-Pathogen Interactions [J]. Current Topics in Microbiology and Immunology，2021，431：169-202.

38. 弯曲菌真的很弯吗？

“你是想先知道肉眼观测的弯曲菌菌落聚集的样子，还是它在显微镜下单个的样子？”小明妈妈笑咪咪地看着儿子。

“都想都想，你跟我说说呗。”

“我们叫它弯曲菌，就是因为它长得弯弯的。你看它在显微镜下长成这样，有的有点弯，有的有好几道弯，还有一些呈螺旋形、海鸥展翅状或S形。”

“是的，妈妈，它长得好像扭曲的蚯蚓哦。”

“哈哈，通过电镜观察，它会显得胖胖的，就不像蚯蚓了。在显微镜下，弯曲菌的鞭毛很清楚，在它的一端或者两端有鞭毛。其实弯曲菌的生长条件还是挺苛刻的，这也是为什么一开始没有分离到它的原因。弯曲菌需要微需氧环境，氧气含量要在5%左右，太高或太低的氧气含量都不行。而且它对营养的要求也很高，在普通的营养琼脂上不生长，加入血液、血清时才能生长。所以临床分离培养弯曲菌时，最起码需要用血琼脂，或者用一些选择性培养基，包括Skirrow琼脂和Campy-BAP培养基（这些培养基以血琼脂为基础，加入多种抗生素，能抑制肠道正常菌群的生长，有利于弯曲菌的分离）。不同种类的弯曲菌对温度的要求不同。比如空肠弯曲菌，它在42℃左右生长最好。鸟类的体温为41~43℃，所以鸟类可以携带空肠弯曲菌，为空肠弯曲菌的传播提供重要的媒介。再比如胎儿弯曲菌，它在25℃生长，在37℃的人体温度也会生长，在42℃则不生长，为感染人类做了充分准备。”[1]

“它们好狡猾啊，妈妈。那它们聚集在一起的时候是什么样子啊？”

“弯曲菌在合适的培养基上，经过48小时培养可形成比较典型的菌落，单个菌落呈中心凸起、周边不规则状，无溶血现象。它的镜下染色更有特异性。”

“妈妈，再给我讲讲弯曲菌都有哪些种吧。”

“弯曲菌属目前有正式描述的有32个种及9个亚种[2]，与人类胃肠道疾病相关的主要有空肠弯曲菌和大肠弯曲菌。另外，比较少见的海鸥弯曲菌、简明弯曲菌和乌普萨拉弯曲菌等也被报道与人类腹泻相关，当然都是零星的报道[3]。然后就是我们说的胎儿弯曲菌，它有胎儿亚种和性病亚种，都会引起人类肠外感染。”

“弯曲菌家族比我想象的更大。妈妈，我以前对它从来没有关注过，现在算是有点了解了。那么，妈妈，如果有人感染了弯曲菌，一般都是靠什么来确认的啊？”

参考文献

[1] DAVIS L，DIRITA V. Growth and Laboratory Maintenance of Campylobacter Jejuni [J]. Current Protocols in Microbiology，2008，Chapter 8：Unit 8A.1.1-8A.1.7.

[2] COSTA D，IRAOLA G. Pathogenomics of Emerging Campylobacter Species [J]. Clinical Microbiology Reviews，2019，32（4）：e00072-18.

[3] MAN S M. The Clinical Importance of Emerging Campylobacter Species [J]. Nature Reviews Gastroenterology Hepatology，2011，8（12）：669-685.

39. 追踪隐秘的痕迹

“当然如果能培养到弯曲菌，那就是‘金标准’了。但是我们之前也说到了，由于弯曲菌生长条件比较苛刻，所以很容易漏检。因此从样本的采集开始，我们就要有意识地做准备。首先我们采集腹泻患者的粪便标本后需要及时接种。若无法尽快送检，要使用Eswab管或特殊的Cary-Blair运送培养基保存。送到检验科的样本，检验医师需要先进行标本的直接检查，通过革兰染色或0.3%碱性复红单染色的方法在显微镜下观察，看是不是有弯曲菌的形态特征。然后再将标本涂布到特殊培养基上，就是我们之前提到过的Skirrow琼脂或Campy-BAP培养基等，然后把培养基放置在37℃或42℃微需氧环境中培养1~3天，如未见生长，应继续培养1~2天，如怀疑是空肠弯曲菌和大肠弯曲菌建议放在42℃条件下培养，如怀疑是胎儿弯曲菌应置37℃培养。”[1]

“要是弯曲菌数量很少，是不是有可能培养不到啊？”

“是的，所以检验科还有一种增菌培养的方法，在高度怀疑是弯曲菌感染时，可以采用增菌后分离培养，检验医师会把约0.1克粪便标本置于液体增菌培养基内，先放置在42℃微需氧条件下培养2~3天，然后再转移到选择性培养基上进行培养。”

“就是尽可能让弯曲菌生长起来，是吧？但是不是有可能它就是生长不出来？”

“也会有这种情况发生的，但是现在的检测手段有很多。除了我们说的培养的‘金标准’，还有一些血清学或者是分子生物学方法，比如通过患者的血液做弯曲菌抗体反应。但因为抗体一般会在弯曲菌引起腹泻1~3周后才能检出，且滴度不会出现大幅度升高，这种方法没有被广泛应用。分子生物学方法可以通过PCR进行弯曲菌的鉴定，这种方法的优势在于快速灵敏，可以在无法培养到弯曲菌的情况下快速确诊，但是没办法继续做药敏实验。每一种方法都有自己的优势和不足吧。”[2]

“嗯嗯，最好还是能分离到弯曲菌，对吧？那么，分离到了弯曲菌以后，靠什么方法确认呢？”

“现在有质谱检测手段，方便迅速，基本上常见的弯曲菌通过质谱都可以直接鉴定出来，不像过去只能通过一些生化反应检测。”

“科技发展真快呀。看来弯曲菌鉴定已经不是难事了。那确认是弯曲菌以后，是不是就可以知道后面怎样治疗相关的疾病了？还有，像常见的弯曲菌相关的腹泻、一些肠外的感染，我们要怎样预防？要是得了，又该怎样治疗呢，妈妈？”

参考文献

[1] On SL. Isolation，Identification and Subtyping of Campylobacter：Where to from Here? [J]. Journal of Microbiological Methods，2013，95（1）：3-7.

[2] CHON J W，JUNG JY，AHN Y，et al. Detection of Campylobacter Jejuni from Fresh Produce：Comparison of Culture-and PCR-based Techniques，and Metagenomic Approach for Analyses of the Microbiome before and after Enrichment [J]. Voural of Food Protection，2021，84（10）：1704-1712.

40. 弯曲菌的防治之路

“我们先来说说对弯曲菌感染的预防吧。目前是没有针对弯曲菌的疫苗。对于弯曲菌感染的预防，只能针对它的特点和可能感染的环节采取相应的措施。据我所知，一些国家有专门针对食用过程弯曲菌感染预防的手段，比如，冰岛会定期抽检农场饲养的家禽，对感染弯曲菌的家禽立即宰杀、冻存以减少对环境的污染；再比如，美国会对屠宰场宰杀过程进行严格的卫生管理，有效控制传染源；玻利维亚对水源进行氯消毒，并严格监测水中含氯量，防止水源性传播等。这些都可以从源头上防止弯曲菌的感染。对我们个人来说，能做到的就是不吃生的或未熟透的禽肉；不喝生水，特别注意用水卫生；不饮用未经消毒的牛奶，可采用巴氏消毒法或煮沸法对牛奶进行消毒；注意厨房卫生，避免禽肉对其他食品的交叉污染；尽量避免与牲畜、宠物的直接接触，减少感染机会等。”

“嗯嗯，要尽量从源头上减少与弯曲菌的接触，避免它感染我们。如果还是不小心中招了，上吐下泻的可是真的难受。”

“其实弯曲菌感染引起的腹泻有自限性。如果免疫系统正常，大多数人在没有抗生素治疗情况下也可以康复。生病期间要多喝水，防止电解质紊乱。但是，对于发生持续腹泻，或者出现其他并发病状，以及一些患有严重疾病或面临严重疾病风险的患者，就需要抗生素治疗。这些患者包括65岁及65岁以上老人、孕妇和免疫系统较弱的人群，如血液病患者、艾滋病患者或正在接受化疗的患者，需要使用对应抗生素进行治疗[1]。用于治疗弯曲菌感染的抗生素种类主要以大环内酯类（代表性药物：红霉素）、喹诺酮类（代表性药物：环丙沙星）和四环素类为主。许多国家监测项目报告弯曲菌对四环素类和环丙沙星的高水平耐药性，但空肠弯曲菌对红霉素的耐药性仍然很低。2023年，有学者统计了上海地区2012—2019年弯曲菌的监测，发现收集到的891株弯曲菌菌株（761株空肠弯曲菌和130株大肠弯曲菌）对环丙沙星和四环素类的耐药性都高达90%以上，大肠弯曲菌对红霉素的耐药性（59.23%）高于空肠弯曲菌（2.50%）的。”[2]

“妈妈，我了解了，所以万一感染了弯曲菌还是要让检验医师做一下抗生素的实验才能准确用药，对吧？”

“是的，小明，还是需要根据对弯曲菌的药敏实验来确认具体菌株，该用什么抗生素。当然患者也要告诉医生用了这种抗生素后的感觉。如果这种抗生素存在很严重的副作用，就需要调整治疗方案了。弯曲菌其实不可怕，大家对于这种细菌的重视程度也越来越高，相信在不久的将来，大家都能认识到这种细菌的危害，了解这种细菌，人人‘自卫’，减少它的感染。”

参考文献

[1] GE B，WANG F，SJÖLUND-KARLSSON M，et al. Antimicrobial Resistance in Campylobacter：Susceptibility Testing Methods and Resistance Trends [J]. Journal of Microbiological Methods，2013，95（1）：57-67.

[2] GAO F，TU L，CHEN M，et al. Erythromycin Resistance of Clinical Campylobacter Jejuni and *Campylobacter coli* in Shanghai，China [J]. Frontiers in Microbiology，2023，16（14）：1145581.

艰难梭菌

——被逼无奈残害肠道

41.“平凡普通人”的犯罪之路

消化科病房最近好不热闹，因为腹痛、腹泻住院的老老少少多了不少。这不，小明爷爷发热住院有段时间了。爷爷吃了好多药，最近开始拉肚子，怎么也不见好。医生说要检查下是不是艰难梭菌引起的肠炎。经过一系列的检查，爷爷被确诊为艰难梭菌感染性肠炎。在医生的指导下，爷爷吞下了一颗“神奇的小胶囊”。仅仅4天，爷爷身体的各项指标就恢复正常了。艰难梭菌是什么？哪里来的？为什么会引起爷爷这么严重的腹泻呢？我们来给小明解答解答。

艰难梭菌（*Clostridium difficile*，CD），又称难辨梭状芽孢菌，是一种革兰阳性厌氧菌。厌氧菌是指那些在无氧条件下生长更好的细菌，而人的肠道正好是一个相对无氧的环境，所以艰难梭菌的主要栖息地就是肠道。1935年，霍尔（Hall）和奥图尔（O'Toole）首次从健康的新生儿粪便中分离出艰难梭菌，认为是正常菌群[1]。它之所以被命名为“艰难”梭菌，是因为它对氧气极为敏感，分离培养困难，因此得名“艰难”。艰难梭菌是肠道正常菌群，在3%的健康成人及66%的儿童肠道内都有存在。另外，艰难梭菌在自然界也有广泛分布，包括水、土壤、干草、沙及动物粪便等。艰难梭菌的主要传播形式是芽孢。芽孢对多种抗生素和消毒剂都有很强的抵抗能力，所以艰难梭菌极其顽强。

作为肠道正常菌群，艰难梭菌是如何一步步成为导致人类腹泻甚至引发伪膜性结肠炎的罪魁祸首的呢？

1978年，巴特利特（Bartlett）等[1]发现艰难梭菌与长期使用克林霉素引起的伪膜性结肠炎有关，至此，艰难梭菌开始引起进行临床相关研究的学者的关注。艰难梭菌是抗生素相关性腹泻的主要病原菌：艰难梭菌引起的腹泻其实是广谱抗生素治疗其他更“凶险”的病原菌带来的“副作用”。当患者接受抗生素治疗后，艰难梭菌可抵抗大多数药物的杀菌作用而异常增殖，进而导致患者发病，轻则引起发热、恶心、腹痛、腹泻，重则引起伪膜性结肠炎、中毒性巨结肠症、败血症等，甚至可引发老年人和有严重基础疾病的患者死亡。

为什么艰难梭菌引起的腹泻以前很少听说？它在国内外的流行情况是怎样的？

2001年，科学家们报道了艰难梭菌高毒力菌株的出现。伴随着住院患者抗生素的不规范使用、患者住院时间长、大型高端医疗仪器介入、人口老龄化等危险因素，艰难梭菌引起的腹泻的发病率、复发率及死亡率在全球范围内呈显著增长。美国疾病控制与预防中心在2015年发布的研究报告称，一种顽固、难以治疗的“超级病菌”——艰难梭菌，每年导致45万美国人被感染，2.9万人因此丧命，超出此前记录的近两倍[2]。目前在中国尚无大规模流行病学研究数据，国内对艰难梭菌的研究多为单中心，报道零散。各个地区人群存在差异，如宁夏地区艰难梭菌检出率为7%~8%[3]，浙江省艰难梭菌检出率为10%~14.3%[4]。艰难梭菌像是肠道中被逼迫无奈的“普通人”，由于外界抗生素的不断逼迫，最终它变成造成腹泻的病原菌，威胁到人类的健康。

参考文献

[1] LAMONT J T，THEODORE E. Woodward Award. How Bacterial Enterotoxins Work：Insights from in Vivo Studies [J]. Transactions of the American Clinical and Climatological Association，2002，113：167-180.

[2] 金大智，等. 国内外艰难梭菌感染现状分析 [J]. 传染病信息，2018，31（2）：175-180.

[3] 刘俊枫，刘翔，王文，等. 宁夏地区艰难梭菌感染分子流行病学特征 [J]. 中国感染与化疗杂志，2021，21（6）：646-651.

[4] Lv T，Zheng L，Wu T，et al. Molecular Characterization and Antibiotic Resistance of Clostridioides Difficile in Patients with Inflammatory Bowel Disease from Two Hospitals in China [J]. Journal of Global Antimicrobial Resistance，2022，30：252-258.

42.“嗜血双刀”诱惑心智

上面说到，小明爷爷感染的艰难梭菌是一种条件致病菌，只有在满足“菌群失调后大量增殖”和“产生毒素”的条件下，才会导致我们所说的艰难梭菌感染（*Clostridium difficile* infection，CDI）。随着1944年抗生素的问世与广泛使用，人们发现在CDI发生前长期或不规范使用过抗菌药物的患者的症状更为显著。抗生素的大量服用破坏了肠道中的正常菌群，使肠道中的益生菌数量锐减而条件致病菌猖獗，破坏了肠道的黏膜屏障功能，影响消化吸收，极易引发腹泻。因此一些学者也将这种应用抗生素后发生的和（或）与抗生素应用有关的腹泻归纳为抗生素相关性腹泻（antibiotic-associated diarrhea，AAD），5%~35%患者接受抗生素治疗后发生AAD[1]，而造成这些感染症状究其根本是艰难梭菌在生长发育过程中可以通过形成孢子传播和引发CDI。孢子是一种微小的单细胞繁殖体，对热力、干燥及消毒剂等理化因素均有强大的耐受性，广泛分布于土壤、动植物、人类粪便等自然环境中，人体的肠道就是孢子定植的天然营养池，适宜的环境使得孢子不断地发育繁殖从而导致疾病发生；另外，孢子能通过休眠使其适应不利环境，并在条件适宜时产生新的营养体进行直接或间接发育，这也是导致CDI疾病复发率高达30%的主要原因。

虽然艰难梭菌听起来比较冷门，但其实早在2011年，它就一跃成为美国医院感染第一位的病原体！它是如何引起人类肠道感染的呢？

艰难梭菌在入侵肠道的过程中依赖两大法宝——毒素A（TcdA）、毒素B（TcdB）。TcdA可以和机体内的一些致炎因子结合产生炎症，导致上皮细胞破裂坏死和单层肠上皮细胞的紧密连接断裂，从而导致腹泻；所有CDI患者分离得到的艰难梭菌中都含有TcdB，它不仅能直接刺激机体细胞释放炎症因子破坏肠壁细胞，还能通过受体TFPI（组织因子途径抑制物）介导引起肠黏膜细胞变性、坏死、肠壁脱落等一系列症状的发生。TcdA和TcdB毒素能协同刺激肠上皮细胞释放促炎细胞因子和中性粒细胞趋化因子，从而导致由中性粒细胞增多引起的急性炎症反应，同时可以穿过受损的上皮组织进入肠壁固有层，刺激肥大细胞、树突状细胞、巨噬细胞释放炎症介质，进一步加重肠腔中的中性粒细胞浸润。此外，在细胞调控层面，TcdA和TcdB毒素还能够通过诱导GTP酶灭活进而影响细胞周期的各个阶段，干扰宿主细胞的增殖，在一定程度上影响机体的损伤修复功能。部分的高毒力毒株还会产生艰难梭菌转移酶（*C. diffificile* transferase，CDT），这是一种能导致肌动蛋白解聚和肌动蛋白细胞骨架重排的特殊毒素。与此同时，CDT还会进一步增强TcdA和TcdB所引起的炎症。这些毒素会促进人体肠道细胞中的肌动蛋白瓦解，从而破坏肠道上皮细胞的完整性，进而诱发结肠急性炎症[2]。

艰难梭菌的危害到这里就结束了吗？当然没有，除它在致病方面令人闻风丧胆的能力外，它的传播能力也是需要我们关注的重中之重。丹麦的一项调查显示，在14个养猪场大量的艰难梭菌样本中发现猪和人类患者之间共享多种抗生素抗性基因。这表明艰难梭菌的传播不仅在社区和医院中不断进行和扩大，在畜牧业和社区之间也存在双向传播。哥本哈根大学学者在一场讲座中说：“抗生素在人类医学中的过度使用及作为农场的廉价生产工具正在破坏我们治疗细菌感染的能力。特别值得关注的是，艰难梭菌对氨基糖苷类药物具有天然的抗性，并且可能通过质子或转座子等可移动遗传元件将抗性基因传播给其他易感物种。这项研究进一步证明，畜牧业中抗生素的使用施加了进化压力，选择了具有潜在危险性的人类病原体。这强调了采用更全面的方法来管理CDI的重要性，以便考虑所有可能的传播途径”[3]。

其实，在每个健康人的肠道中都有艰难梭菌的存在。非致病性艰难梭菌能够帮助我们维持肠道菌群平衡，致病性艰难梭菌则会破坏肠道正常菌群后释放黏液和炎症产物最终损伤肠黏膜，引起伪膜性结肠炎等感染性疾病，并通过粪口传播以孢子的形式排出并继续播散[4]。

参考文献

[1] JIANG S S，et al. Severe Complicated *Clostridium difficile* Infection：A Case Report [J]. World Chinese Journal of Digestology，2020，28（8）：308-312.

[2] LUO J, et al. TFPI Is a Colonic Crypt Receptor for TcdB from Hypervirulent Clade 2 C. Difficile [J]. Cell，2022，185（6）：980-994.

[3] Semeh B，et al. Potential for the Zoonotic Spread of Multi-resistant *Clostridioides difficile* [J]. ECCMIC 2022；Poster nr. 04584.

[4] ZHU J Y，TAN Z J，ZHENG T，et al. Progress in *C. difficile* and Antibiotic-related Diarrhea [J]. The Chinese Journal of Infection Control，2021，20（12）：1168-1173.

43.“嫌犯X”的多重身份

艰难梭菌被认为是导致人体内艰难梭菌相关性腹泻（*C. difficile*-associated diarrhea，CDAD）的主要病原体。以往艰难梭菌感染的主要人群为有既往住院史、近期抗生素治疗或免疫力低下的老年患者。但随着广谱抗生素的滥用，高毒力基因和耐药性基因随之产生，艰难梭菌感染在儿童中也变得越来越常见，医院或社区环境下儿童CDAD的发生率逐渐升高。据报道，幼儿患者中复发性CDI的发生率高达20%[1]，因此在CDI发病率和严重程度逐渐增加的背景下，准确的诊断和预防对我们来说变得至关重要。CDI最早可以出现在开始用药的数小时后，主要表现由单一的腹痛到腹泻，再到发热、白细胞增多等全身症状；严重感染的表现也不同，从轻度或中度腹泻到伴有伪膜性结肠炎、肠梗阻、中毒性巨结肠、脓毒症或死亡等重度疾病。

欧洲临床微生物学和传染病学会（ESCMID）指南也将CDI定义为“(i)符合CDI和TcdA的微生物学证据的临床症状和/或在没有其他腹泻原因或(ii)假膜性结肠类（Pseudomembranous Colitis，PMC）患者的证据的情况下，粪便中产生艰难梭菌TcdB”。美国卫生保健流行病学协会（SHEA）和美国传染病协会（IDSA）也给出了类似的定义：“CDI的定义是在腹泻症状基础上，粪便检测艰难梭菌毒素或毒素性艰难梭菌阳性，或结肠镜或组织病理学结果显示PMC”[2]。简单来说，只要患者出现中度至重度腹泻或肠梗阻，并满足粪便检查艰难梭菌毒素或产毒素艰难梭菌结果阳性抑或内镜下或组织病理检查显示伪膜性结肠炎两者其中之一，就可以被诊断为CDI。

内镜检查是诊断CDI的重要手段之一，在其他依据缺乏或难以与其他炎症性肠病相鉴别时，CDI感染的典型特征有哪些呢？以伪膜性结肠炎为例，在内镜下主要征象包括肠道黏膜水肿充血、糜烂、溃疡、多发性隆起的斑片或融合为大片的灰绿色、黄褐色伪膜覆盖黏膜表面；严重者还会病变融合；伪膜邻近的黏膜触及易出血，也可见散在溃疡；伪膜性病变主要累及左侧结肠或全结肠，少数累及回盲部。部分CDI 患者内镜下表现可不典型，尤其炎症性肠病合并CDI 时多无特征性伪膜性病变。内镜活检组织检查无特异性诊断价值，病理结果通常表现为非特异性结肠炎。

为了能够更加清晰地判断CDI的严重程度，并准确地给予治疗，在临床上将CDI分为医院获得性CDI（HA-CDI）和社区获得性CDI（CA-CDI）。HA-CDI是指在入院后48小时或者出院后4周内发生的CDI；CA-CDI是指在12周内没有住院史的患者在社区发生或入院48小时内发生的CDI。如果CDI发生在患者出院后的4~12周，则不能明确该病例是医院感染病例还是社区感染病例[3]。相比较HA-CDI来说，CA-CDI患者较年轻且病情较轻，但复发率更高，CA-CDI导致结肠切除的概率约为16.5%，是HA-CDI患者的4倍，这提示社区获得性因素也是影响预后的独立危险因素。因此，鉴于CA-CDI在CDI中比重较大，预防工作除减少HA-CDI外，还需要对减少CA-CDI采取必要的干预措施[4]。

依据目前的临床指南，对CDI的诊断主要依赖于典型的临床表现，如腹痛、腹泻等，但也存在着非常多的非典型表现，如有的患者仅出现了腹痛而没有腹泻的情况。总而言之，对于较长时间使用广谱抗菌药物，高龄，有糖尿病、肝硬化、肾衰竭等严重基础疾病，使用免疫抑制剂或免疫功能低下者，有胃肠手术、长期鼻饲或慢性肠道疾病（尤其是溃疡性结肠炎），以及长期使用奥美拉唑等质子泵抑制剂等CDI高风险人群，若出现了水样便或稀便，同时有发热、腹痛、食欲下降等症状时，须优先考虑CDI的可能，应该及时告知医生并及时进行艰难梭菌检测[5]。

参考文献

[1] ALDRICH A M，ARGO T，KOEHLER T J，et al. Analysis of Treatment Outcomes for Recurrent *Clostridium difficile* Infections and Fecal Microbiota Transplantation in a Pediatric Hospital [J]. Pediatric Infectious Disease Journal，2019，38（1）：32-36.

[2] GATEAU C，COUTURIER J，COIA J，et al. How to：Diagnose Infection Caused by *Clostridium difficile* [J]. Clinical Microbiology and Infection，2018.

[3] HUNG Y P，LEE J C，TSAI B Y，et al. Risk Factors of *Clostridium difficile*-associated Diarrhea in Hospitalized Adults：Vary by Hospitalized Duration [J]. Journal of Microbiology Immunology and Infection，2021，54（2）：276-283.

[4] MORA P M C，et al. Outcomes of Community and Healthcare-onset *Clostridium difficile* Infections [J]. Clinical Infectious Diseases，2019，68（8）：1343-1350.

[5] SARTELLI M，BELLA D I S，MCFARLAND L V，et al. 2019 Update of the WSES Guidelines for Management of *Clostridioides*（*Clostridium*）*difficile* Infection in Surgical Patients [J]. World Journal of Emergency Surgery，2019，14（8）.

44. 抓捕隐匿“人群”的“恶人”

要想出其不意地抓捕CDI中的“潜伏者”，了解传统CDI的诊断依据必不可少。这种诊断一般是基于患者存在24小时内腹泻3次或3次以上症状的同时，粪便检出产毒性艰难梭菌或毒素阳性，或者结肠镜、组织病理学示伪膜性结肠炎。那么症状并不符合传统的诊断标准的患者，临床医生们又是如何探查并确诊CDI的呢？对于这样的非典型患者，如何才能保证不漏诊和误诊呢？让我们一探究竟。

近年来，CDI的检出方法层出不穷，目前临床上对于CDI的实验室检测方法主要有传统培养法、酶免疫法及分子生物学法这三大类方法。接下来我们就分别介绍各种检测方法的具体内容及优缺点。

传统培养法注重的是提供艰难梭菌生存所需的厌氧环境，通过显色厌氧培养基对艰难梭菌进行培养。这种方法由于不可控因素较多，所以敏感性较差，需要较长的培养时间，同时无法检测出艰难梭菌的毒素，难以满足临床需求。因此，应运而生的细胞毒性中和试验（Cell Cytotoxin Neutralization Assay，CCNA）很好地解决了检测TcdA和TcdB的问题。

由于临床上对CDI检测灵敏度、稳定性和可行性的要求不断提高，酶联免疫吸附试验（ELISA）在20世纪80年代登上了历史舞台，酶联免疫吸附试验能通过抗原–抗体反应快速并且高特异性地检测出腹泻粪便标本中的TcdA和TcdB毒素蛋白，从而区分产毒株和非产毒株，因检测时间短，操作便捷而应用广泛。但是，由于其敏感度较差，因而不能单独使用。例如，艰难梭菌细胞壁的抗原性蛋白质之一谷氨酸脱氢酶（glutamate dehydrogenase，GDH），高特异性和高表达的特点使其能够协助艰难梭菌的肠道内定植，但仅仅依靠单一的检测方法依旧无法涵盖每一种类型的CDI，这种检测方法只能提示有与致病相关的蛋白存在，并不能鉴定是否存在致病毒素，不足以为临床提供一个准确的诊断。

为了提高临床上CDI的检出率、灵敏度、稳定性及特异性，分子检测技术成为目前炙手可热的检测技术。核酸扩增技术（nucleic acid amplification test，NAAT）和实时荧光定量PCR技术因其预处理简易、操作时间短、敏感性和特异性高而广泛应用于临床试验。但是，NAAT无法区分无症状感染者和具有临床表现的感染，容易引发过度诊断从而提高检验和临床成本[1]。

总而言之，无论采取哪种检测方法，我们对CDI的诊断都应该细致且彻底，同时也要考虑过度诊断会导致医疗保健成本提高，从而增加患者治疗的负担。

综合考虑不同检测方法的优缺点和敏感度、特异性及成本，临床上通常使用“三步法”或“两步法”进行CDI诊断。“三步法”就是根据GDH试验区分阳性样本，对于GDH阳性的样本进行酶免疫分析法（Enzyme Immunoassays，EIAs）的毒素检测，若两者结论不同则需要使用细胞毒性中和试（Cell Culture Cytotoxicity Assay，CCTA）、产毒素培养（toxigenic culture，TC）或NAAT试验进行验证。而“两步法”则是使GDH和EIA试验联合进行检测，两者结论不同时采用CCTA、TC或NAAT试验进行验证。例如，CCTA一般与艰难梭菌的产毒素培养同时进行，二者被认为是30年来CDI诊断的“金标准”[2, 3]。TC可以评估艰难梭菌的产毒素能力，CCTA则可以直接判断粪便标本中是否含有艰难梭菌毒素，但是不论CCTA还是TC，都有操作烦琐、耗时长（往往需要48~72小时）的缺陷，不适宜临床操作。

除此之外，目前还有一些新方法，大大提高了CDI检测的灵敏度和准确性，比如艰难梭菌基因快速检测就是采用半定量巢式实时PCR的原理，根据不同位点的荧光探针保证检测的绝对特异性，对毒素基因进行针对性检测并综合三个检测探针预测患者体内的菌株是否为高产毒菌株。这种方法同时包括多条探针以保证检测的准确性，还可以及时提供诊断结果，帮助医生更高效地排除非艰难梭菌病，缩短患者住院时间，节省医疗费用，及时有效地控制艰难梭菌扩散。还有实时荧光定量PCR检测法，通过对患者粪便的分析得出结论。与其他方法对比，这种方法展现出诊断CDI病例成本低、耗时短、可提高临床报告的效率等优势，作为国产化的检测技术极具发展前景。

“医网恢恢，疏而不漏”。抗生素在人类、动物及环境中的广泛使用，而艰难梭菌与抗生素耐药性的产生关系密切，临床上某一种新型抗生素的使用起始便意味着耐药性产生开始倒计时。随着细菌的抗性基因不断变化，我们不得不寄希望于寻找另一种药物，但单单依赖于新抗生素不过是饮鸩止渴，抗生素耐药所带来的副作用不仅使疾病困扰下的人们多了一重健康威胁，也使得正常人群处于更广泛和严重的耐药环境之中。虽然对艰难梭菌天然耐药的药物并不多，但使用抗生素对于机体自身菌群稳定性的破坏无疑成为了CDI肆虐的“帮凶”。在美国，接受抗生素治疗的患者中有20%因此导致了药物不良事件（adverse drug event，ADE）[4]。美国疾病控制与预防中心的专家通过对重要类型的新抗生素（包括抗真菌药）的批准和发布后产生重要的耐药类型的发展史的分析指出，改善抗生素的使用直接或间接地降低了CDI的感染率。因此，预防感染和控制传播是患者面临抗生素耐药性威胁时唯一行之有效的方法，优化实验室CDI检测流程不仅在防控CDI的领域来说意义重大，同时在整个医疗保健体系中更是扮演着举足轻重的角色。

参考文献

[1] BAGDASARIAN N，RAO K，MALANI P N. Diagnosis and Treatment of *Clostridium difficile* in Adults：A Systematic Review [J]. JAMA，2015，313（4）：398-408.

[2] MIZUSAWA M，CARROLL K C. The Future of *Clostridioides difficile* Diagnostics [J]. Current Opiniou in Infectious Diseases，2021，34（5）：483-490.

[3] LIU C，et al. A 2-step Algorithm Combining Glutamate Dehydrogenase and Nucleic Acid Amplification Tests for the Detection of *Clostridioides difficile* in Stool Specimens [J]. European Journal of Clinical Microbiology & Infectious Diseases，2021，40（2）：345-351.

[4] KUNISHIMA H，et al. Japanese Clinical Practice Guidelines for Management of *Clostridioides*（*Clostridium*）*difficile* Infection [J]. Journal of Infection and Chemotherapy，2022，28（8）：1045-1083.

45. 毁灭犯罪根源，还普通人正常生活

前文说到小明爷爷因为艰难梭菌感染入院，在医生指导下服用了“神奇小胶囊”，身体就好转了，令爷爷好转的“神奇小胶囊”到底是什么呢？它又是如何在这么短的时间内治疗艰难梭菌感染（CDI）的呢？还存在别的能够将潜藏在肠道内的艰难梭菌一网打尽的治疗方法吗？在回答这些问题之前，我们先来简单了解一下CDI的几种治疗方式吧。

CDI是最常见的医院感染之一，以至于在欧美一些发达国家中取代了耐甲氧西林金黄色葡萄球菌感染一跃成为医院感染的最常见原因。克林霉素的应用最初被认为是CDI的主要原因，但随着时间的推移，人们发现任何抗生素都可以引起CDI。广谱抗生素的广泛使用大大增加了CDI的发病率。这些药物在高毒性菌株的出现中发挥了非常重要的作用。2002年，一种新的毒性艰难梭菌克隆在北美出现，引发了广泛的研究，人们开始调查该疾病的各种替代治疗方案。感染控制标准不足、住院患者中老年人和易感人群增加也导致CDI 的发病率上升。早期研究表明，万古霉素和甲硝唑目前被作为CDI的标准疗法，甲硝唑被推荐用于轻度及中度感染的一线治疗，万古霉素主要用于重度及难治性、多发性感染的治疗[1]。研究表明，这两种药物的CDI复发率都相当高，这对临床药物选择来说是一个巨大的挑战。而近几年，出现了一些新的治疗方案，如粪便

移植（fecal microbiota transplantation，FMT）、非达霉素等，这使得CDI治疗的前景变得更加广阔。

医院针对小明爷爷的治疗策略是粪便移植，但粪便移植使用的并不是一般的粪便，而是经过严格筛选的健康人粪便中正常功能的菌群。其实用粪便治疗疾病并不稀奇，早在1700年前，中医就有用人粪治疗疾病的记录。到了明代，李时珍也在《本草纲目》中记载了粪便能够治疗腹泻、腹痛、发热、呕吐、便秘等疾病。通俗来说，粪便移植就像是在肠道中引进了一批具有“领导风范”“训练有素”的高质量肠道菌群，它们能够将原本混乱的肠道细菌秩序管理得井井有条，从而达到纠正免疫紊乱、控制炎症、促进溃疡愈合的目的。目前进行粪便移植的途径主要有三种，分别是口服胶囊，经肠镜、经鼻肠管进行移植[2]。

2011年5月，新型抗生素非达霉素被美国食品药品监督管理局（FDA）批准为除万古霉素之外的CDI的新治疗选择。非达霉素对艰难梭菌具有高度选择性，并且对其他微生物群的作用非常有限。其原理是通过干扰细菌的遗传物质合成，抑制细菌DNA和蛋白质合成[3]。这类新型抗生素与标准疗法的区别在于非达霉素是一种杀菌药物，而不是抑菌药物。非达霉素目前被FDA批准仅用于治疗患有CDI的成年人，同时谨慎用于严重CDI患者。

除此之外，许多研究认为单克隆抗体能够有效地防止CDI的复发，但其治疗成本与非达霉素相比差距较大，目前仍处于进一步研究当中。

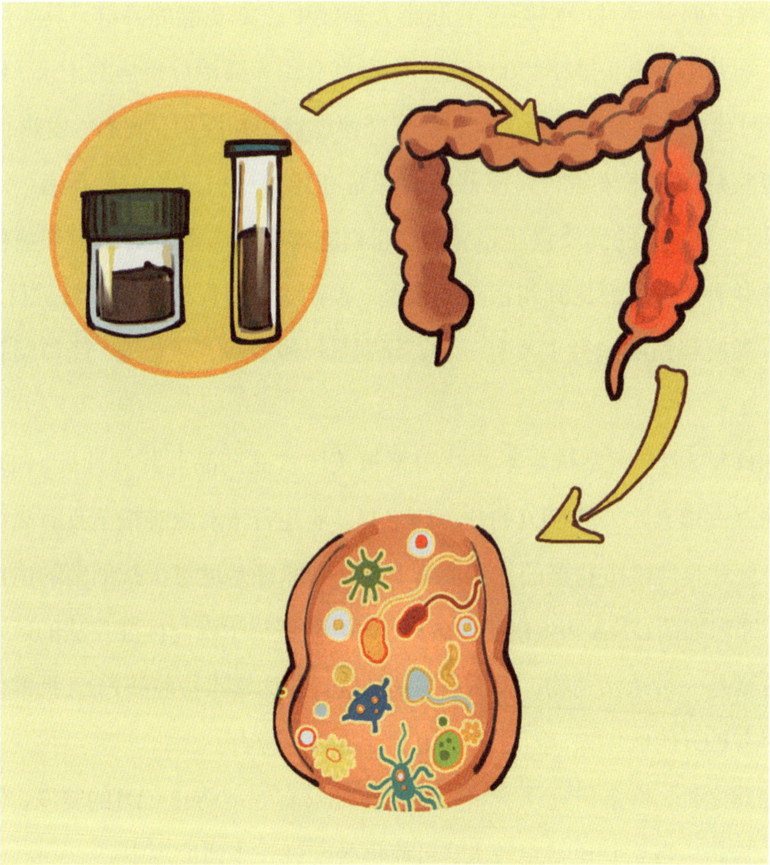

▲ 粪便移植疗法

艰难梭菌是肠道正常菌群，但它在抗生素压力下一步步“沦陷”，最终成为“为非作歹”的“超级病菌”。近年来，CDI呈现高流行率和高死亡率态势，但迄今仍无法使用单一方式检测，这也使人们容易在某些方面过度诊断并且存在不必要的治疗，住院人数的大幅度增加不但直接导致了医院内感染频发，还在一定程度上加重了国家医疗保健负担。CDI的临床症状轻重不一，其中无症状携带者更是不容忽视的存在。在了解了这些前因后果后，我们必须高度重视艰难梭菌导致的抗生素相关腹泻，不乱用、不滥用抗生素，同时在日常生活中积极主动地保障个人与环境的卫生。

参考文献

[1] NELSON R L，SUDA K J，EVANS C T. Antibiotic Treatment for *Clostridium difficile*-Associated Diarrhoea in Adults [J]. Cochrane Database of Systematic Reviews，2017，3：CD004610.

[2] JUUL，FREDERIK E，et al. Fecal Microbiota Transplantation for Primary *Clostridium difficile* Infection [J]. The New England Journal of Medicine，2018，378（26）：2535-2536.

[3] GOYAL H，PERISETTI A，REHMAN M R，et al. New and Emerging Therapies in Treatment of *Clostridium difficile* Infection [J]. European Journal of Gastroenterology & Hepatology，2018，30（6）：589-597.

产气荚膜梭菌

——肠道的常驻客

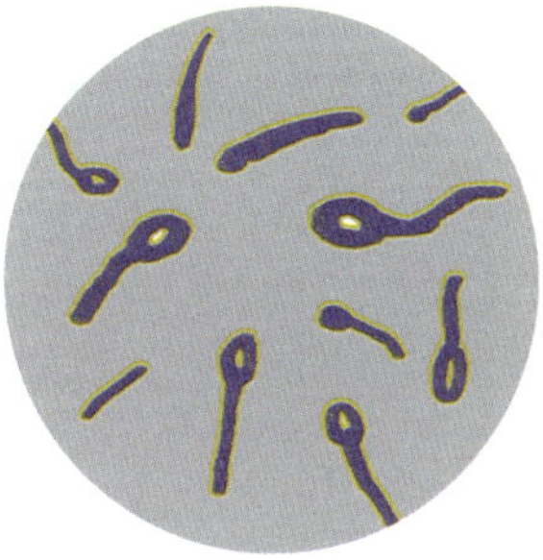

46.“憨厚”的梭菌也有杀伤力

68岁的孙阿姨已经恶心呕吐3天了。起初，孙阿姨并不在意，觉得呕吐完、拉肚子，将吃的坏东西排出去就好了，没想到后来浑身乏力、头晕，还出现了腹痛的症状，这才想到来医院找医生。入院后，孙阿姨便出现了发热的症状，经CT、血常规、血培养、粪便培养等全面检查后，孙阿姨被诊断为“感染性休克”。进一步的细菌检测结果显示，孙阿姨存在产气荚膜梭菌感染。

什么是产气荚膜梭菌?

1892年，美国病理学家W. H.韦尔奇等从一具尸体上分离出这种菌，因而这种菌又被称为韦氏梭菌。产气荚膜梭菌为革兰阳性短粗大杆菌，根据产气荚膜梭菌的4种主要毒素（α、β、ε、ι）产生情况，可将其分为A~E 5个血清型，其中A型为人和动物肠道正常菌群，B~E型在土壤中不能存活，但可寄生在动物肠道内。

产气荚膜梭菌对健康个体并无致病性，但对于处于抵抗力低下或生理功能异常状态的患者，它会变成病原体，故产气荚膜梭菌也是条件致病性微生物，或称为机会病原体。相较于流行性乙型脑炎、淋病等毒力强的病原体，产气荚膜梭菌作为条件致病微生物毒力较弱，同时也是我们人体肠道的正常菌群。

产气荚膜梭菌能产生多种外毒素和侵袭性酶类，并有荚膜，具有强大的侵袭力。在5个分型中，对人类致病的主要有A型和C型。A型产气荚膜梭菌主要引起人和动物的气性坏疽。在4种毒素中，α毒素最为重要，它可以破坏细胞膜，引起溶血、组织坏死和血管内皮损伤，从而导致组织水肿[1]。此外，它还可以促使血小板凝聚，导致血栓形成、局部组织缺血，在气性坏疽的形成中起主要作用。机体在生理功能紊乱的时候，对菌群的“清除”速度下降，这时产气荚膜梭菌会抓住机会，播散到伤口引起感染，同时会产生大量气体，影响组织的血液供应，造成组织坏死。

产气荚膜梭菌的A型及某些C、D型菌株也可以产生肠毒素，通过污染食物（主要为肉类食品）引起感染性食物中毒。C型菌株产生的β毒素可引起小肠黏膜出血性坏死，引起机体坏死性肠炎。耐热性产气荚膜梭菌芽孢感染的肉、禽等生食品，虽经烹制加热，但因芽孢耐热，部分残留的芽孢反而受到“热刺激”被促进发芽，并在较高温度长时间储存（即缓时冷却）的过程中，芽孢发芽形成大量的繁殖体并生长、繁殖。随食物进入肠道的繁殖体在肠道中容易再形成芽孢，同时产生肠毒素聚集于芽孢内，当菌体细胞自溶和芽孢游离时，肠毒素释放出来，引起中毒，进一步导致脱水及电解质紊乱，如果不及时干预，还会引发感染性休克。

参考文献

[1] 郭子槊，辛文文，王景林．产气荚膜梭菌 α 毒素作用机制研究进展 [J]. 军事医学，2022，46（9）：711-714.

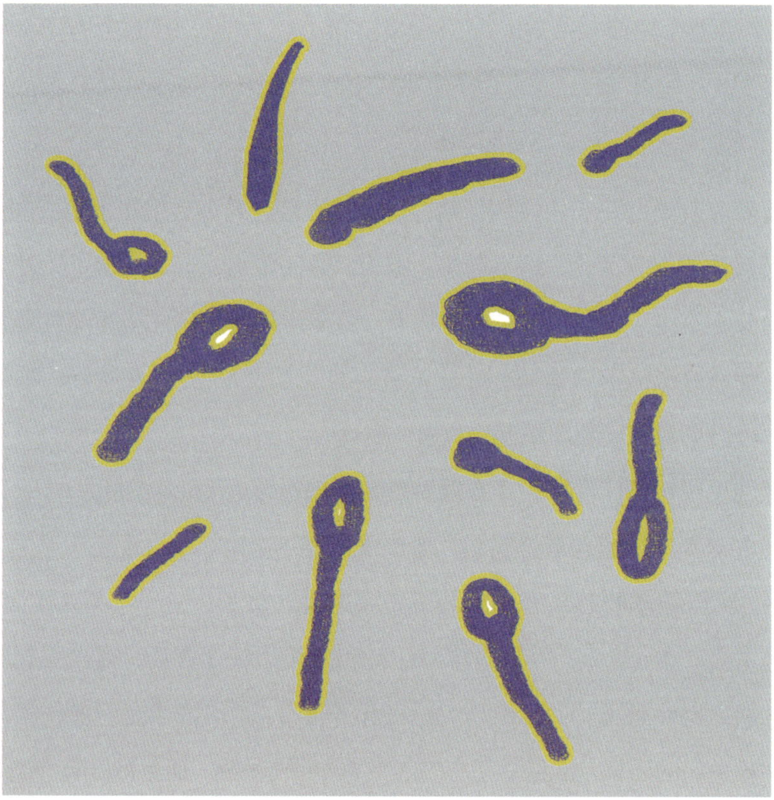

▲ 产气荚膜梭菌革兰染色镜检图

47. 在养殖业江湖为非作歹

看着养殖场这些病怏怏的仔猪，孙阿姨的老公老孙心里犯了难。这些仔猪从昨天就开始绵软无力，站不起来，腹泻，粪便带血，奄奄一息。经过对仔猪粪便的分析鉴定，结合仔猪的剖检结果，初步判定这些病仔猪为产气荚膜梭菌感染。要说这产气荚膜梭菌，可是养殖业的"老敌人"了，在牧场、鸡场这些地方都可以见到产气荚膜梭菌"为祸一方"。

产气荚膜梭菌广泛存在于自然界及人和动物体内（尤其是肠道中），其致病性主要由它所产生的外毒素引起，是导致家畜"猝死症"的重要病原之一。现在认为，可导致动物感染和致病的最重要的是A型和C型产气荚膜梭菌[1]。其中A型主要产生α毒素，可引起新生仔猪和断奶后仔猪腹泻，很少引起肠毒血症和急性出血性肠炎。C型主要产生α和β毒素，其中β毒素是引起仔猪出血性坏死性肠炎病的因素，常见引起1周龄以内的仔猪发病，而且死亡率很高。

病猪和带菌的猪是传染源，特别是肠道带菌的母猪，病菌随粪便排至体外，污染猪舍。仔猪出生后很容易被已经污染的乳头感染，或从周围的环境食入病原菌的芽孢而感染发病。因该菌会产生芽孢，病原传入后能长期存在于环境中，预防不力则持续危害。在猪感染产气荚膜梭菌后，病菌进入猪体胃肠道后会大量繁殖，使病猪产生腹泻的症状，最终因严重脱水、肠道出血而衰竭死亡。

产气荚膜梭菌病不仅在猪中流行，鸡、鸭、猪、牛等食源动物受到的危害也越来越多。同样，该菌能使不同年龄、不同品种的牛发病，且一年四季均有发生，严重危害中国畜牧业的发展[2]。该病以农区和半农半牧区多发，常流行于低洼、潮湿地区，在春末、秋初及气候突然变化时发病率明显升高。

产气荚膜梭菌为肠道常驻菌群，可以通过各种媒介传播（如水、土壤、灰尘等），因此牛产气荚膜梭菌病的暴发应与牛体内及养殖场内存在的产气荚膜梭菌有关。产气荚膜梭菌存在于牛肠道内，一般情况下并不致病，但当环境发生变化，或者牛的抵抗力下降时，肠道内的菌群失调，菌株在肠道内大量增殖，引发此病。病牛多见以全身实质器官广泛性出血为主要特征[2]。A、B、C、D型菌均可致牛肠毒血症。

大家可能会有所担心，这些患病的家畜会不会对人体的健康产生影响？

合格合规的养殖场在发现动物生病后都会及时治疗，如果最终治疗无效导致牲畜死亡，也会按照相关规定合理处置这些动物尸体。但是微生物无处不在，从健康的生肉类变成最终可食用的熟食加工产品到人类的餐桌前，要经过层层工序。相关调查显示，产气荚膜梭菌因长期存在于动物肠道中，在动物性食品屠宰加工中极易污染畜禽产品，在肉类熟食品中的污染率达38.96%，其中烧鸡高达39.41%[3]。

产气荚膜梭菌导致人类食物中毒有明显的季节性，以夏季、秋季为多，引起中毒的食品主要是以畜肉，鱼、禽肉类及植物蛋白质食品为主。产气荚膜梭菌食物中毒通常会有轻度和短暂的腹泻，但偶尔也可能发生更严重的并发症。其中产气荚膜梭菌A型可引起产气荚膜梭菌肠毒素（*Clostridium perfringens enterotoxin*，CPE）介导的感染性或抗生素相关腹泻，这种病通常比传统的食物中毒更为复杂、持续时间更长，老年人往往是易感人群。

▲ 养殖业的大敌——产气荚膜梭菌

参考文献

[1] 张艳民．猪梭菌性肠炎的分析、诊断和防治 [J]. 现代畜牧科技，2021（5）：115-116.

[2] 郑晓丽，窦贤明，胡道俊，等．产气荚膜梭菌对养牛业的危害及其防制 [J]. 中国畜牧兽医，2010，37（8）：211-214.

[3] 王艳红，李昊宇，韩立君，等．肉类熟食品中产气荚膜梭菌污染及耐药状况调查 [J]. 中国卫生检验杂志，2014，24（20）：2993-2994.

48. 手持2把“大斧”，好不威风

孙阿姨刚做完结肠癌根治手术。不料，回家休养几天后，肚子上的手术切口开始痛了起来，表面还有一些渗出的液体，缝线周围颜色发青，孙阿姨甚至开始发热，打寒战。到了医院急诊后，医生考虑是手术切口并发感染引起的气性坏疽。通过进一步的微生物检测分析，基本锁定了导致此次气性坏疽的“罪魁祸首”——产气荚膜梭菌。

产气荚膜梭菌，又称韦氏梭菌，是一种重要的人兽共患病的病原体，可引起多种动物坏死性肠炎、肠毒血症，同时也是人畜创伤性气性坏疽及人类食物中毒的主要病原菌之一。该菌属典型的条件致病菌，可以引起地区性流行，也有散发性报道，每年都有大量的动物因不同的产气荚膜梭菌感染而死亡。

产气荚膜梭菌的致病性主要依赖于其产生的外毒素。目前已发现的外毒素有16种[1]，其中，α、β、ε、ι这4种外毒素最为主要。根据这些毒素的组合，产气荚膜梭菌最初被分为A、B、C、D、E 5型。其中，对人类有致病能力的主要为A和C型。A型最常见，可引起气性坏疽和食物中毒。

随着新毒素的发现和研究的进步，到2018年，产气荚膜梭菌的分类拓展A~G 7型。新增的F型和G型主要基于其产生的特定毒素。例如，F菌毒株产生产气荚膜梭菌肠毒素，这种毒素与人类食物中毒密切相关[2~3]。

其中，人类食物中毒主要与该菌在芽孢形成过程中产生的一种芽孢相关蛋白即肠毒素有关。该毒素与产气荚膜梭菌引起的食物中毒有密切的关系，造成人类腹泻和呕吐，也可引起人的非食源性抗生素相关腹泻和散发性腹泻。其中，非食源性腹泻患者感染的产气荚膜梭菌主要以A毒力型和F毒力型为主[4]。美国疾病预防控制中心数据显示，除弯曲菌和沙门菌可引起细菌性食物中毒外，产气荚膜梭菌已成为又一大引起细菌性食物中毒的病原菌[5]。

此外，在其他的主要毒素中，产气荚膜梭菌菌株均携带α毒素，β毒素由B毒力型和C毒力型产气荚膜梭菌产生，它们可与固有层的血管内皮细胞结合从而导致急性出血性坏死性肠炎的发生。ε毒素由B毒力型和D毒力型产气荚膜梭菌菌株产生，ι毒素仅由E毒力型产气荚膜梭菌菌株产生。这些毒素都会诱导细胞凋亡。

除了引起腹泻，在文首的病例中我们也可以得知，产气荚膜梭菌也会引起气性坏疽。

感染气性坏疽主要与人体抵抗力下降有关。人类感染的气性坏疽中，约80% 由产气荚膜梭菌引起，还有20%由其他梭菌引起[6]。产气荚膜梭菌是条件致病菌，能侵入局部组织快速繁殖并产生各种毒素和侵袭酶，如果毒素被机体吸收，患者会很快出现溶血性贫血、黄疸、血红蛋白尿、酸中毒等症状，12~24小时内可能会在全身迅速恶化[7]。糖尿病患者中，感染产气荚膜梭菌常会引起产气性肝脓肿，还可能出现大量血管内溶血，造成患者在数小时内死亡。故尽早就诊，做出明确诊断，抢先对症治疗具有重要意义。

参考文献

[1] 高倩，柏明见，邵冬华 . 难辨梭菌感染 238 例临床特点分析 [J]. 实用检验医师杂志，2019，11（1）：30-33.

[2] YANAGIMOTO K，UEMATSU K，YAMAGAMI T，et al. The Circulation of Type F *Clostridium perfringens* Among Humans，Sewage，and Ruditapes philippinarum（Asari Clams）[J]. Pathogens，2020，9：669.

[3] ROOD J I，ADAMS V，LACEY J，et al. Expansion of the *Clostridium perfringens* Toxin-Based Typing Scheme [J]. Anaerobe，2018，53：5-10.

[4] 王利君，肖楠，唐杰，等 . 非食源性腹泻中产气荚膜梭菌的毒力型分布特征 [J]. 北京医学，2022，44（6）：490-493.

[5] PAREDES-SABJA D，RAJU D，TORRES J A，et al. Role of Small，Acid-Soluble Spore Proteins in the Resistance of *Clostridium perfringens* Spores to Chemicals [J]. International Journal of Food Microbiology，2008，122（3）：333-335.

[6] 李晓哲，张玉芹，石翠明，等 . 产气荚膜梭菌感染致足气性坏疽 1 例报告并文献分析 [J]. 实用检验医师杂志，2021，13（2）：120-122.

[7] 吴在德，吴肇汉，郑树，等 . 外科学 [M]. 北京：人民卫生出版社，2007：173-174.

49. 真凶落网，原形毕露

在被诊断出存在产气荚膜梭菌感染后，孙阿姨也不禁好奇，致病微生物如此广泛，那医生又是如何判断出自己存在产气荚膜梭菌感染呢?

医生告诉孙阿姨，其实这并不难，一是看患者的临床表现，二就是结合患者的实验室检查。其中，“金标准”就是细菌培养结果。想要了解具体原理，就一起往下看。

产气荚膜梭菌属革兰阳性粗大杆菌，能够在不利环境下形成芽孢，有荚膜。在厌氧血平板上会出现双层溶血环，其中形成圆形、凸起、表面光滑、边缘整齐的菌落，是由α毒素所致。在卵黄平板上菌落周围出现乳白色浑浊圈，是由细菌产生的α毒素（卵磷脂酶）分解卵黄中的卵磷脂所致，可被特异抗血清所中和，这个反应称为Negler反应。这种菌在牛乳培养基中，能分解乳糖产酸使酪蛋白凝固，同时产生的大量气体将凝固的酪蛋白冲散形成蜂窝状，并将液面上的凡士林向上推挤，甚至冲开棉塞，“气势凶猛”，称为“汹涌发酵”现象。这是这种菌的特征之一。

读者不免会担心：“我自己会不会容易感染产气荚膜梭菌呢？它在各地的流行状况又是如何呢？”

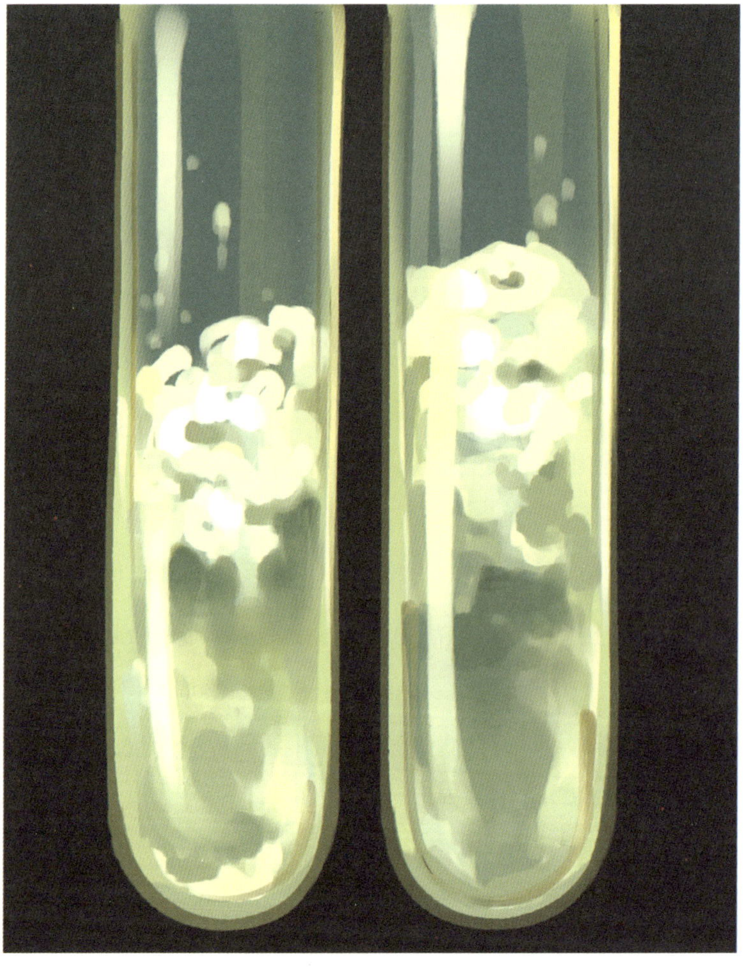

▲ 产气荚膜梭菌的“汹涌发酵”现象

流行病学调查显示，产气荚膜梭菌是美国、日本细菌性食源性疾病的第二大常见致病菌。在美国，每年的病例近100万人，但每年报告的病例数只有359~2173人[1]。在欧盟成员国，该菌引发的食物中毒预计每年约500万例[3]。而我国的食源性疾病暴发事件报告中明确由该菌引发的案例较为少见。产气荚膜梭菌在我国多在家禽之间传播，主要呈零星散发或区域性流行。以畜牧业为例，调查显示，耕牛以4~6月发病较多，奶牛、犊牛以4~5月、10~11月发病较多，牦牛以7~8月发病较多[4]。

事实上，产气荚膜梭菌既是人和动物肠道的正常菌群，也是自然界广泛存在的条件性致病菌。而该菌引起的人类食物中毒有明显的季节性，以夏季、秋季为多，引起中毒的食品主要是以畜肉，鱼、禽肉类及植物蛋白质食品为主。有文献报道，格拉斯（Grass）[2]通过对美国1998—2010年产气荚膜梭菌引发疫情进行分析发现，在由单一食品引起的疫情中，牛肉是最常见的商品（46%），其次是禽肉（30%）和猪肉（16%）。陕西关中地区熟肉制品、生鲜肉中产气荚膜梭菌的检出率分别为50.91%和43.14%；鸡肉、猪肉中的检出率分别为53.06%和33.90%[5]。

在日常生活中，我们很难辨别肉类食品的加工过程是否合格，所以需要提高肉食品从业者对产气荚膜梭菌食物中毒的认识，注重消毒，以确保肉食品加工和经营环节的卫生安全。作为消费者，我们应该在购买肉制品时避免选择三无品牌或者手工作坊。同时，外出就餐时要选择洁净卫生的环境就餐。毕竟，再美味的食品也不如身体健康来得重要。

参考文献

1. 程春荣，周鹏，戴蕾，等 . 一起疑似产气荚膜梭菌食物中毒事件的实验室检测分析 [J]. 疾病监测，2022，37（8）：1125-1128.DOI：10.3784/jbjc.202203080088.
2. GRASS J E，GOULD L H，MAHON B E. Epidemiology of Foodborne Disease Outbreaks Caused by *Clostridium perfringens*，United States，1998-2010 [J]. Foodborne Pathogeus and Disease，2013，10（2）：131-6.
3. KIU R，HALL LJ. An Update on the Human and Animal Enteric Pathogen *Clostridium perfringens* [J]. Emerging Microbes & Infectious，2018，7（1）：141.
4. 郑晓丽，窦贤明，胡道俊，等 . 产气荚膜梭菌对养牛业的危害及其防制 [J]. 中国畜牧兽医，2010，37（08）：211-214.
5. 姜艳芬，王清爱 . 零售肉品中产气荚膜梭菌的检测与定型：以陕西关中地区为例 [J]. 西北农林科技大学学报（自然科学版），2016，44（11）：55-60，69.

50. 武功再高，也有克星

孙阿姨经过5天的治疗后，病情相较入院时已经有所好转。看来这个产气荚膜梭菌就算再厉害，医生也有对应的措施去打败它。

对于人体内发生的细菌感染，医生通常会选择有效的抗生素进行治疗。大多数产气荚膜梭菌对青霉素G敏感，少数菌株可能因产生青霉素结合蛋白PBPI，与药物亲和力下降而导致耐药。多数菌株对克林霉素敏感，可单独或联合青霉素G，用于治疗产气荚膜梭菌感染，但也有部分菌株对克林霉素耐药。

对于不同病情的患者，医生需用不同的治疗方案。在治疗产气荚膜梭菌感染的过程中，医生也会遇到困难——细菌耐药。

产气荚膜梭菌耐药性也是感染后治疗失败因素之一。由于抗菌药物的大量使用，在过去的几十年里，产气荚膜梭菌对四环素、林可霉素和红霉素耐药性显著增加[1]。有学者研究了产气荚膜梭菌在沼气池和粪肥中的潜在致病性和耐药性。其中，12.3%的产气荚膜梭菌对部分抗菌药高度耐药，特别是对克林霉素和替米考嗪。一些分离株对人用抗菌药，包括万古霉素和亚胺培南等耐药[2]。这提示在养殖动物中使用抗菌药物时需要谨慎，对于从源头解决耐药性问题有重要作用。

产气荚膜梭菌的孢子耐高温，因此能在蒸煮过程中存活；同时该菌在

12~54℃可生长，因此可能在冷却、再加热和熟食热保存的过程中生长。产气荚膜梭菌孢子有6%耐过95℃，这也使得在香肠中产气荚膜梭菌携带率高达38.9%[3]。在生活中，我们也要注意，残羹剩饭需迅速冷藏并在食用前彻底重新加热（内部温度达到75℃），为预防感染，剩余的肉应快速冷藏且再次食用时需彻底加热。

医院常通过如下方式预防气性坏疽：彻底清创，去除伤口中的异物和坏死组织，在手术期前可以使用抗生素，预防腹腔手术后感染。目前尚无可用于预防梭状芽孢杆菌感染的疫苗。由于环境中普遍存在产气荚膜梭菌，消除污染很难实现。产气荚膜梭菌是条件致病菌，菌株的毒素类型和耐药基因复杂多样。如果在屠宰场避免生肉污染，后面经妥善处理和加工，尤其是在餐饮加工环节避免交叉污染，暴发食物中毒的风险是可以预防的。

参考文献

[1] HECHT D W. Anaerobes：Antibiotic Resistance，Clinical Significance，and the Role of Susceptibility Testing [J]. Anaerobe，2006，12（3）：115-121.

[2] DERONGS L，DRUILHE C，ZIEBAL C，et al. Characterization of *Clostridium Perfringens* Isolates Collected from Three Agricultural Biogas Plants over a One-Year Period [J]. International Journal of Environmental Research and Public Health，2020，17（15）.

[3] BAUER F T，CARPENTER J A，REAGAN J O. Prevalence of *Clostridium perfringens* in Pork during Processing [J]. Journal of Food Protect，1981，44（4）：279-283.

蜡样芽孢杆菌

——让人上吐下泻的耐热凶手

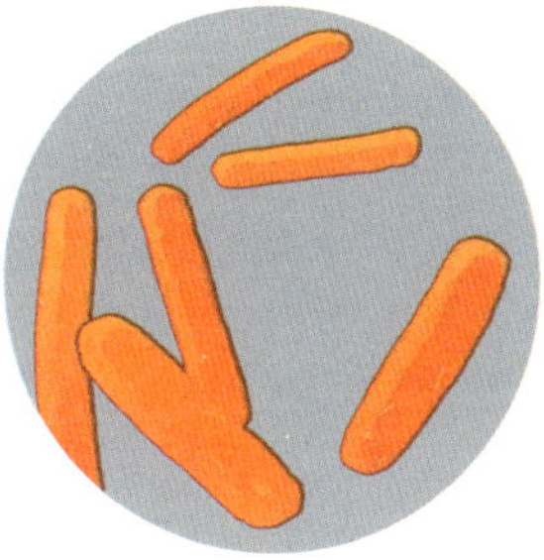

51. 双面天使与魔鬼
——我们不都是“坏人”

小薇最近反复刷到了同一则新闻，不禁心有戚戚。2023年6月，杭州张阿姨连续吃了两个放了不知道几天的超甜“海南树上熟菠萝”后，每天奔洗手间十多次，腹泻长达十几天。起初张阿姨以为是菠萝渣多通便，并未放在心上，直到年度体检时，被护士发现脸黄，几乎成了“小黄人”，被“扣下”要求检查肝功能，才发现自己的肝功能指标堪称“爆表”，接近肝衰竭状态，经过救治才稳定转好。医生分析，导致张阿姨肝衰竭的元凶可能是蜡样芽孢杆菌中毒[1]。

蜡样芽孢杆菌广泛分布于土壤、水、尘埃、可食的块茎（如马铃薯）中，1克土壤中含有50~38万CFU（菌落形成单位）的蜡样芽孢杆菌芽孢，1 m^3空气中至少含有100 CFU的蜡样芽孢杆菌芽孢。一些植物的根、块茎则是其最适定植的场所，水稻根部更是蜡样芽孢杆菌的“大本营”[2]。

部分蜡样芽孢杆菌对人类来说具有“魔鬼”的一面。作为一种条件致病菌，蜡样芽孢杆菌在芽孢杆菌中的致病性仅次于炭疽芽孢杆菌。蜡样芽孢杆菌及其芽孢可循环污染奶牛场、市场、食品供应场所和乳制品，并在无脊椎动物的肠道中定植，随后导致人类患病[2]，常常引起食源性中毒，偶尔引起眼部感染，还会引起菌血症、急性脑病甚至横纹肌溶解[3, 4]。美国疾病控制中心称，在

1998—2015年共有619起确诊的蜡样芽孢杆菌相关中毒事件[5]。液态奶和奶粉在中国有极大的消费量，而蜡样芽孢杆菌在液态奶和奶粉中的检出率分别为44.0%和26.1%[6]。2011—2016年，在中国主要城市进行的研究表明，约27%的巴氏灭菌牛奶中含有蜡样芽孢杆菌，中国北方和南方的蜡样芽孢菌污染率分别为31%和25%[7]。2012—2013年和2015年的研究表明，14%和42%的中国市场上的婴儿配方奶粉含有蜡样芽孢杆菌[8, 9]。蜡样芽孢杆菌感染的全球流行病学数据缺乏主要归因于以下几点：①大多数蜡样芽孢杆菌感染症状轻微且持续时间短，具有自限性，这意味着患者通常不寻求医疗救助；②缺乏实验室检测来确认蜡样芽孢杆菌是否是导致患者症状和/或疾病的致病菌，如金黄色葡萄球菌和产气荚膜梭菌感染引起的食物中毒同样会导致呕吐和腹泻，这些症状在很大程度上影响鉴别蜡样芽孢杆菌感染；③在大多数国家，蜡样芽孢杆菌感染并不向相关卫生管理部门报告，导致无记录病例和/或食源性感染在社区传播[10]。这些因素共同影响了食源性疾病背景下蜡样芽孢杆菌流行病学报告的有效性。

然而，作为有益芽孢杆菌，部分蜡样芽孢杆菌是人类的“小天使”。以蜡样芽孢杆菌为代表的微生物制剂，如蜡样芽孢杆菌NJYH63305。它被广泛应用于农业、医药、食品保健、饲料等领域。在农业领域，它是一种集抑菌、杀虫、促生于一体的环境友好型高效生防制剂，对茶轮斑病菌、黄瓜枯萎病菌、立枯丝核菌、烟草赤星病菌、茶云纹叶枯病菌、小麦全蚀病菌、小麦纹枯病、尖镰孢菌、镰刀菌、终极腐霉菌等植物病害及小菜蛾具有较强抑制作用。在医药领域，它可调节人体肠道微生态平衡，适于治疗急慢性痢疾、肠炎、腹泻、婴幼儿腹泻引起的肠功能紊乱等。在食品保健领域，它可作为食品添加剂，长期服用能促进营养物质的消化吸收，减少肠道疾病的发生，提高免疫能力，增强抗病能力[11]。

▲ 容易忽视的肠道致病菌——蜡样芽孢杆菌

参考文献

[1] 快科技．天热要注意！女子连吃两个超甜菠萝肝衰竭 医生称元凶可能是蜡样芽孢杆菌 [EB/OL]. https：//finance.sina.com.cn/tech/roll/2023-06-30/doc-imyyzyzp1081431.shtml.

[2] VIDIC J，CHAIX C，MANZANO M，et al. Food Sensing：Detection of Bacilluscereus Spores in Dairy Products [J]. Biosensors（Basel），2020，10（3）：15.

[3] CHAABOUNI I，BARKALLAH I，HAMDI C，et al. Metabolic Capacities and Toxigenic Potential as Key Drivers of *Bacillus cereus* Ubiquity and Adaptation [J]. Annals of Microbiology，2015，65：975-983.

[4] TSCHIEDEL E，RATH P M，STEINMANN J，et al. Lifesaving Liver Transplantation for Multi-Organ Failure Caused by *Bacillus cereus* Food Poisoning [J]. Pediatr Transplant，2015（19）：11-14.

[5] OWUSU-KWARTENG J，WUNI A，AKABANDA F，et al. Prevalence，Virulence Factor Genes and Antibiotic Resistance of *Bacillus cereus* Sensu Lato Isolated from Dairy Farms and Traditional Dairy Products [J]. BMC Microbiology，2017，17：65.

[6] LIU X Y，HU Q，XU F，et al. Characterization of *Bacillus cereus* in Dairy Products in China [J]. Toxins（Basel），2020，12（7）：454.

[7] GAO T，DING Y，WU Q，et al. Prevalence，Virulence Genes，Antimicrobial Susceptibility，and Genetic Diversity of *Bacillus cereus* Isolated from Pasteurized Milk in China [J]. Frontiers in Microbiology，2018，9：533.

[8] YANG Y，YU X，ZHAN L，et al. Multilocus Sequence Type Profiles of *Bacillus cereus* Isolates from Infant Formula in China [J]. Food Microbiology，2017，62：46-50.

[9] YAN S，YAN X，GAN X，et al. Survey on Contamination of *Bacillus cereus* and its Virulence Gene Profiles Isolated from Retail Infant Formula in China [J]. Food Hygiene，2015，27：286-291.

[10] ENOSI T D，MATHUR A，NGO C，et al. *Bacillus cereus*：Epidemiology，Virulence Factors，and Host-Pathogen Interactions [J]. Trends in Microbiology，2021，29（5）：458-471.

[11] 胡永红，陈卫，欧阳平凯．高效有益微生态制剂开发与利用——蜡样芽孢杆菌 [M]. 北京：化学工业出版社，2013.

52. 呕吐型与腹泻型选手
——不同毒素的表现

作为一种条件致病菌，蜡样芽孢杆菌常常污染淀粉类制品和乳制品，并引起食源性中毒。通常，它的中毒症状较温和而且病程不超过24小时。蜡样芽孢杆菌常常导致两种不同类型的食物中毒：腹泻型和呕吐型。引起的腹泻通常与肉类、牛奶、蔬菜和鱼类有关，而呕吐型最有可能与大米制品有关[1]。此外，腹泻型病例主要在保加利亚、芬兰、匈牙利和挪威更为频繁报道，而呕吐型疾病在日本和英国的报告更频繁[1]。这些趋势可能反映了个别国家的饮食习惯，以及某些食物是携带导致呕吐或腹泻症状的特定毒力因子的蜡样芽孢杆菌的载体。

腹泻型食物中毒是由非致吐毒株产生不耐热肠毒素引起的。迄今已发现至少有5种不同的肠毒素，包括溶血性肠毒素（HBL）、非溶血性肠毒素（NHE）、细胞毒素K（cytK）、肠毒素FM（EFM）和肠毒素T（ET）。蜡样芽孢杆菌还产生其他毒素，如溶血素Ⅱ（HlyⅡ），尽管HlyⅡ主要作为一种溶血素参与系统性感染和免疫逃逸，但它也可能通过破坏肠道上皮细胞间接参与腹泻型食物中毒的发病机制[2]。其中，HBL、NHE和cytK是引起腹泻型食物中毒的3种主要肠毒素。肠毒素进入胃中会被破坏，所以腹泻型食物中毒是因为残留的蜡样芽孢杆菌在小肠中产生肠毒素引起的。蜡样芽孢杆菌食物中毒的诊断很多是以流行病学为线索，在导致中毒的食品中蜡样芽孢杆菌的检出量大于10^5 CFU/克是食物中毒的判断依据[3]。

呕吐型食物中毒是由蜡样芽孢杆菌致吐毒株产生呕吐毒素（cereulide）引起。该毒素耐高温、耐酸碱、能抗消化酶解。进食0.5~6小时后出现恶心、呕吐，严重者可出现爆发性肝衰竭而迅速死亡[4]。目前的各种食品加工方法，包括灭菌，均无法使呕吐毒素失活。如果摄取的食物中含呕吐毒素，它能够保持完整并可能转化成活性毒素吸附于内脏。致吐毒株多分布在淀粉类食品（炒饭、米粉或土豆泥等）及乳制品中。该菌引起的呕吐型食物中毒在亚洲比较常见[5]。中国国内市售的34份婴幼儿奶粉和5份米粉中蜡样芽孢杆菌检出率为71.8%，其中致吐毒株占17.9%[6]。大规模食源性呕吐中毒事件的研究显示，呕吐毒素剂量为0.01~1.28微克/克的食物，体重约70千克的成年人摄取100克此类食物就可引起呕吐型食物中毒[7, 8]。特别适合致吐毒株产毒的食材是熟米饭，熟米饭于20℃放置12~16小时后产生呕吐毒素可高达0.36微克/克，紧随其后的是土豆泥、面条及意大利通心粉，产呕吐毒素0.08~0.16微克/克，面包、蛋糕仅产呕吐毒素0.02微克/克，蛋、鱼及肉制品可维持该菌生长但产呕吐毒素不明显（<0.005微克/克）[8]。另一项研究显示，28℃、48小时条件下，致吐毒株在土豆泥中产呕吐毒素高达4.080微克/克，在意大利面中为3.30微克/克，在米饭、牛奶中分别产呕吐毒素2.01微克/克和1.14微克/毫升[9]。除了淀粉类食物，乳制品中检出致吐毒株的比率也居高不下。2014—2015年，从321份牛奶、环境样本及蜡样芽孢杆菌益生菌产品样本中分离得到110株蜡样芽孢杆菌（分离率为34.5%），其中从1份牛奶样本中分离到的蜡样芽孢杆菌（编号CAU45）分泌呕吐毒素e的能力是标准菌DSMZ4312的17倍[10]。

作为蜡样芽孢杆菌致吐毒株的毒力因子，呕吐毒素是一种环肽，结构与活性上类似于已知的线粒体毒肽——缬氨霉素，均为特异性K^+载体。呕吐毒素与K^+的亲和力强于缬氨霉素，故前者对哺乳动物毒性更强；呕吐毒素通过异常升高线粒体内K^+浓度而使线粒体肿胀、膜电势消失、呼吸链受抑。呕吐毒素除了破坏线粒体功能之外，对人体有多种毒性，如抑制天然杀伤细胞而影响免疫力；在胃中干扰血清素（5-HT3）神经感受器的信号传入而导致肠胃炎；引起急性肝衰竭[11]。根据比利时公共卫生中心Vangoitsenhoven教授团队的报道，呕吐毒素在极低浓度下（约4纳克/克食物）即能破坏胰岛β细胞，导致细胞凋亡和胰岛功能异常；此外，长期食用污染呕吐毒素的食品与糖尿病的发生密不可分，并认为食源性呕吐毒素可能是近年亚洲地区糖尿病发生率持续上升的元凶之一[12]。呕吐毒素的生物合成受细菌内在因素与环境诸多条件的影响：①只有细菌密度达到一定阈值（$>10^6$ CFU/毫升）时，毒素合成才能启动[7]；②环境中的营养物、NaCl、温度、氧、pH和水活度等均可影响毒素的合成[13]。然而这些环境因子如何被致吐毒株所感知及如何调节生长/代谢并作用于毒素合成通路的机制尚不清楚。

参考文献

[1] ENOSI T D，MATHUR A，NGO C，et al. *Bacillus cereus*：Epidemiology，Virulence Factors，and Host-Pathogen Interactions [J]. Trends in Microbiology，2021，29（5）：458-471.

[2] 林岚，徐旭东 . 蜡样芽孢杆菌毒素 Cereulide 的研究进展 [J]. 微生物前沿，2018，7（4）：141-148.

[3] 周帼萍，袁志明 . 蜡状芽孢杆菌（*Bacillus cereus*）污染及其对食品安全的影响 [J]. 食品科学，2007，28（3）：357-361.

[4] LÜCKING G，FRENZEL E，RÜTSCHLE A，et al. Ces Locus Embedded Proteins Control the Non-Ribosomal Synthesis of the Cereulide Toxin in Emetic *Bacillus cereus* on Multiple Levels [J]. Frontiers in Microbiology，2015，6：1101.

[5] CHAABOUNI I，BARKALLAH I，HAMDI C，et al. Metabolic Capacities and Toxigenic Potential as Key Drivers of *Bacillus cereus* Ubiquity and Adaptation [J]. Annals of Microbiology，2015，65：975-983.

[6] 章乐怡，张秀尧，李毅，等．婴幼儿奶粉和米粉中蜡样芽孢杆菌及其毒素毒力基因的调查研究 [J]. 中国食品卫生杂志，2014，26（6）：600-604.

[7] CEUPPENS S，BOON N，UYTTENDAELE M. Diversity of *Bacillus cereus* Group Strains Is Reflected in Their Broad Range of Pathogenicity and Diverse Ecological Lifestyles [J]. FEMS Microbiology Ecology，2013，84：433-450.

[8] CEUPPENS S，RAJKOVIC A，HEYNDRICKX M，et al. Regulation of Toxin Production by *Bacillus cereus* and Its Food Safety Implications [J]. Critical Reviews in Microbiology，2011，37：188-213.

[9] RAJKOVIC A，UYTTENDAELE M，OMBREGT S A，et al. Influence of Type of Food on the Kinetics and Overall Production of *Bacillus cereus* Emetic Toxin [J]. Journal of Food Protection，2006，69：847-852.

[10] 崔一芳．蜡样芽孢杆菌毒素特征及耐药基因 *tet*（45）的可移动性研究 [D]. 北京：中国农业大学博士论文，2016.

[11] TSCHIEDEL E，RATH P M，STEINMANN J，et al. Lifesaving Liver Transplantation for Multi-Organ Failure Caused by *Bacillus cereus* Food Poisoning [J]. Pediatr Transplant，2015，19：11-14.

[12] VANGOITSENHOVEN R，RONDAS D，CREVECOEUR I，et al. Foodborne Cereulide Causes Beta-Cell Dysfunction and Apoptosis [J]. PLoS ONE，2014，9：e104866.

[13] EHLING-SCHULZ M，FRENZEL E，GOHAR M. Food-Bacteria Interplay：Pathometabolism of Emetic *Bacillus cereus* [J]. Frontiers in Microbiology，2015，6：704.

53. 炒饭综合征
——看不见的淀粉污染者

美国疾病预防控制中心公布的2000—2008年食源性疾病报告表明，美国估计每年发生63000人次蜡样芽孢杆菌引起的食物中毒，其中不少病例与食用了保存或烹饪不当的蛋炒饭有关。“炒饭综合征”，即蜡样芽孢杆菌引起的食源性疾病，是指食用了煮熟后室温下长时间放置冷却的炒饭后出现的，以恶心、呕吐、头昏、四肢无力、口干寒颤、胃部不适和腹痛等为主要症状的一类食源性疾病[1]。“炒饭综合征”具有明显的季节性，多发生在6月到10月。与其他微生物污染不同，被蜡样芽孢杆菌污染的食物外观一般无明显变化，除米饭有时稍有发馊、口味不爽外，大多数食品感观性状正常，不易发现腐败变质迹象，因此难以通过肉眼辨别是否受蜡样芽孢杆菌污染。被污染的食品常因为食用前保存温度不当（26~37℃）、放置时间较长、食品加热不彻底、加工不当等原因使食品中污染的蜡样芽孢杆菌得以生长繁殖。少量摄入蜡样芽孢杆菌不会引起食物中毒，只有其在食物中呈指数生长才会产生肠毒素。一般认为蜡样芽孢杆菌引起的食物中毒属毒素型食物中毒。

参考文献

[1] CARROLL L M, WIEDMANN M, MUKHERJEE M, et al. Characterization of Emetic and Diarrheal *Bacillus cereus* Strains From a 2016 Foodborne Outbreak Using Whole-Genome Sequencing: Addressing the Microbiological, Epidemiological, and Bioinformatic Challenges [J]. Frontiers in Microbiology, 2019, 10 : 144.

54. 我们也在变强——不再好欺负

小薇在此先要科普一下，医院检验科微生物室一般会做细菌的体外实验，如果细菌对一种抗生素敏感，一般就认为这种抗生素在临床上有效；耐药的话一般这种抗生素在临床上就是无效的。蜡样芽孢杆菌对大多数β-内酰胺类抗生素天然耐药，多数对氨基糖苷类、克林霉素、万古霉素、碳青霉烯类、氯霉素和红霉素敏感。目前还没有针对蜡样芽孢杆菌感染的治疗建议。对严重的侵袭性全身感染，多予万古霉素和氨基糖苷类或克林霉素联合治疗[1]。蜡样芽孢杆菌的耐药机制主要为灭活酶或修饰酶的产生（β-内酰胺类、氨基糖苷类、磺胺类、大环内酯类）[2]。

蜡样芽孢杆菌对β-内酰胺类药物的主要耐药机制是产生能水解β-内酰胺环的β-内酰胺酶。目前在蜡样芽孢杆菌菌株中已经报道了3种不同形式的β-内酰胺酶，即BCI、BCII和BCIII[2]。托尔卡尔（Torkar）等[3]发现66 株临床和环境分离的蜡样芽孢杆菌均对β-内酰胺类耐药；对编码蜡样芽孢杆菌β-内酰胺酶BCI、BCII、BCIII的基因，超广谱β-内酰胺酶基因bla_{CTX}和bla_{TEM}及碳青霉烯酶基因bla_{IMP}和bla_{VIM}进行分析，发现蜡样芽孢杆菌所有菌株均存在*bla*II基因，2株菌株中检测到*bla*III基因，68.2%的分离株扩增出$bla_{CTX\text{-}M}$基因，21.2%的样本检测出bla_{VIM}基因。蜡样芽孢杆菌通过氨基糖苷磷酸转移酶展现对氨基糖苷类的耐药性[4]。蜡样芽孢杆菌对四环素类药物耐药主要是通过核糖体保护作用，目前已在蜡样芽孢杆菌中发现了核糖体保护蛋白 Tet（M）和 Tet（O）[4]。蜡样芽孢杆菌对磺胺类药物的耐药性主要与二氢叶酸合成酶（DHPS）的突变基因*sul*1和*sul*2相关，其调控表达二氢叶酸合成酶与磺胺类药物的结合能力[5]。蜡样芽孢杆菌的 DHA2 家族泵属于主要协助转运蛋白超家族（major facilitator superfamily，MFS），介导对氟喹诺酮类抗生素诺氟沙星和环丙沙星的耐药性，起到了多药外排泵的作用[6]。蜡样芽孢杆菌对大环内酯类药物的耐药机制主要通过大环内酯磷酸转移酶（macrolide phosphotransferase，MPH）介导催化失活[7]。

蜡状芽孢杆菌针对氨基糖苷类抗生素还存在一个有趣的现象：暴露于氨基糖苷类抗生素会诱导蜡状芽孢杆菌致吐毒株的表型转变为缓慢生长的小菌落变种，提示其通过缓慢生长的方式来逃避抗生素的杀菌作用[8]。

目前，蜡样芽孢杆菌的耐药机制研究仅对β-内酰胺类抗生素比较深入，对红霉素、四环素、碳青霉烯类、克林霉素和氟喹诺酮类的耐药性已有报道，但是对其耐药机制的研究少有文献报道。

▲ 蜡样芽孢杆菌电镜图片

参考文献

[1] 孟二艳，徐发林，王志军，等．早产儿蜡样芽孢杆菌败血症十例临床分析 [J]. 中华新生儿科杂志，2022，37（1）：45-48.

[2] 李玲，刘耀，魏元苗，等．食品中蜡样芽孢杆菌耐药性及其机制研究进展 [J]. 微生物学通报，2021，48（12）：4943-4953.

[3] TORKAR K G，BEDENIĆ B. Antimicrobial Susceptibility and Characterization of Metallo-β-lactamases，Extended-spectrum β-lactamases，and Carbapenemases of *Bacillus cereus* Isolates [J]. Microbial Pathogenesis，2018，118：140-145.

[4] PARULEKAR R S，SONAWANE K D. Insights into the Antibiotic Resistance and Inhibition Mechanism of Aminoglycoside Pphosphotransferase from *Bacillus cereus*：In Silico and in Vitro Perspective [J]. Journal of Cellular Biochemistry，2018，119（11）：9444-9461.

[5] GAO P P，MAO D Q，LUO Y，et al. Occurrence of Sulfonamide and Tetracycline-resistant Bacteria and Resistance Genes in Aquaculture Environment [J]. Water Research，2012，46（7）：2355-2364.

[6] KRISTOFFERSEN S M，RAVNUM S，TOURASSE N J，et al. Low Concentrations of Bile Salts Induce Stress Responses and Reduce Motility in *Bacillus cereus* ATCC 14570 [J]. Journal of Bacteriology，2007，189（14）：5302-5313.

[7] WANG C，SUI Z H，LECLERCQ S O，et al. Functional Characterization and Phylogenetic Analysis of Acquired and Intrinsic Macrolide Phosphotransferases in the *Bacillus cereus* Group [J]. Environmental Microbiology，2015，17（5）：1560-1573.

[8] FRENZEL E，KRANZLER M，STARK T D，et al. The Endospore-Forming Pathogen *Bacillus cereus* Exploits a Small Colony Variant-Based Diversification Strategy in Response to Aminoglycoside Exposure [J]. Biology，2015，6：e01172-e01115.

55. 抓我很简单
——菌种鉴定及毒素检测

传统的蜡样芽孢杆菌孢子或细胞检测方法包括平板计数法、免疫学方法、酶联免疫吸附分析法和液相色谱-质谱分析联用法。平板计数法使用 ISO 7932 标准方法进行蜡样芽孢杆菌的计数和检测，但该方法无法说明细菌产生毒素的能力，也不能将蜡样芽孢杆菌与芽孢杆菌复合群中的其他细菌真正区分开来，因而具有一定的局限性。免疫学方法可针对营养细胞、芽孢和毒素蛋白质进行检测，包括鞭毛、细胞表面抗原及NheA、NheB、NheC、HblL1和HblL2等蛋白质[1]。酶联免疫吸附分析法通过靶向特异性单克隆抗体，直接从蛋白质水平上检测蜡样芽孢杆菌的毒性成分，包括NheB和NheB/C复合物等毒素，并中和细胞毒性，如抗NheB组分的单克隆抗体能够中和Nhe的细胞毒性[2]。液相色谱-质谱分析联用法通常用于快速检测致呕吐食品中的蜡样芽孢杆菌分离株[1]。

此外，PCR基因序列分析法包括普通PCR、实时荧光定量PCR、多重PCR、微滴数字PCR技术和交叉引物扩增法（CPA）等[3]，该方法主要通过靶向16*SrRNA*[4]、*groEL*/*gyrB*[5]和*panC*[6]等基因的实时荧光定量PCR或交叉引物扩增法等，对蜡样芽孢杆菌菌株进行鉴定或分析。其中，普通PCR、RT-PCR、mPCR是通过检测毒素基因来鉴定蜡样芽孢杆菌的主要分析技术[7]。另一种核酸扩增技术是环介导等温扩增（LAMP），该方法在等温环境下工作，可用于蜡样芽孢杆菌的快速、定点和便携式检测[8]。无标记的阻抗式DNA实体传感器、表面等离子体共振（surface plasmon resonance，SPR）、利用噬菌体内溶素修饰的SPR芯片均有被报道用于研究检测蜡样芽孢杆菌[1]。

参考文献

[1] 杨艳华，吕鹏，陈克平．蜡样芽孢杆菌主要毒素及检测方法的研究进展 [J]. 生命科学研究，2021，25（6）：9.

[2] DIDIER A，DIETRICH R，GRUBER S，et al. Monoclonal Antibodies Neutralize *Bacillus cereus* Nhe Enterotoxin by Inhibiting Ordered Binding of Its Three Exoprotein Components [J]. Infection and Immunity，2012，80（2）：832-838.

[3] ZHANG J，DI B，SHAN H B，et al. Rapid Detection of *Bacillus cereus* Using Cross-Priming Amplification [J]. Journal of Food Protection，2019，82（10）：1744-1750.

[4] HAKOVIRTA J R，PREZIOSO S，HODGE D，et al. Identification and Analysis of Informative Single Nucleotide Polymorphisms in 16S rRNA Gene Sequences of the *Bacillus cereus* Group [J]. Journal of Clinical Microbiology，2016，54（11）：2749-2756.

[5] WEI S，CHELLIAH R，PARK B J，et al. Molecular discrimination of *Bacillus cereus* Group Species in Foods（Lettuce，Spinach，and Kimbap）Using Quantitative Real-Time PCR Targeting *groEL* and *gyrB* [J]. Microbial Pathogenesis，2018，115：312-320.

[6] ANTOLINOS V，FERNáNDEZ P S，ROS-CHUMILLAS M，et al. Development of a High-Resolution Melting-Based Approach for Efficient Differentiation Among *Bacillus cereus* Group Isolates [J]. Foodborne Pathogens and Disease，2012，9（9）：777-7.

[7] LIU XY，HU Q，XU F，et al. Characterization of *Bacillus cereus* in Dairy Products in China [J]. Toxins（Basel），2020，12（7）：454.

[8] VIDIC J，VIZZINI P，MANZANO M，et al. Point-of-need DNA Testing for Detection of Foodborne Pathogenic Bacteria [J]. Sensors，2019，19（5）：1100.

李斯特菌

——隐匿在冰箱中的“潜伏者”

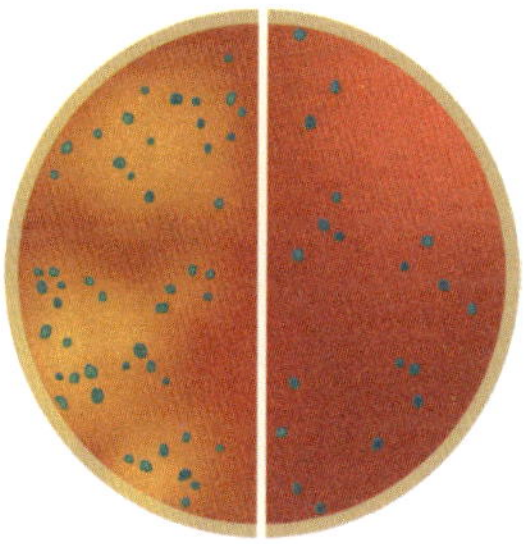

56. 眼花缭乱的李斯特家族——单增才是核心

小薇的姐姐是一名职场孕妈，平时没有时间做饭，为了节省时间，小薇姐姐选择跟老公在周末统一备菜，把买来的肉类和蔬菜分开处理。肉类提前腌制，放在保鲜袋中；蔬菜类提前切好，按照一餐所需的量分装在保鲜袋中，然后放在冰箱的冷藏或冷冻层，这样做饭果然又省时又省力，小薇姐姐也可以减少吃外卖的次数，多吃家常菜。但是有一天，姐姐突然出现发热、乏力、恶心、呕吐的症状，险些胎死腹中。最后经过医生的诊治，姐姐被诊断为李斯特菌感染。

李斯特菌是什么？

李斯特菌是一种革兰阳性杆菌，是一种非芽孢兼性厌氧菌，种类有很多，截至2022年，李斯特菌属中种总数达到27种。产单核细胞增生李斯特菌（*Listeria monocytogenes*，LM；简称产单李斯特菌或单增李斯特菌）是唯一能引起人类疾病的李斯特菌，感染后引起李斯特菌病。可利用不同的培养基从菌落形态及颜色上来区分产单李斯特菌与其他李斯特菌[1]。

李斯特菌对各种应激条件有很强的耐受性，可耐高酸、高碱、高盐、低温环境，-20℃仍可存活，因此它与许多病原体不同，可以在依赖酸性或咸味条件的食品加工技术中存活下来，并且在冰箱等低温下继续缓慢繁殖，即使在冷藏的食物中也能生长[2]。高温烹饪食物可杀灭李斯特菌，但随着饮食习惯逐渐变化，食用生冷及半熟食的人群增多，致使李斯特菌感染率增高。产单李斯特菌是重要的人兽共患病病原体，存在于土壤、植被和动物的整个环境中，常存在于熟肉、生食和即食食品中。其主要传播途径是食用受污染的食物，也可以直接从受感染的动物传播给人，以及在人与人之间传播。产单李斯特菌会引起人类李斯特菌病，易感者为新生儿、孕妇、40岁以上的成人及免疫功能缺陷者。感染后的临床症状及预后差异较大，部分患者感染后只是带菌状态，而不发病；但感染病发后病死率高达30%。在新生儿感染中，它可在子宫内或通过受感染的产道时从母亲传播给孩子[2]。它会产生一种溶血性外毒素，对人类致病性强，是食品中常见的、公共卫生学上重要的食源性病原菌。

产单李斯特菌感染人类后，它会通过其各种毒力因子穿越胃肠道防御系统，跨越上皮细胞屏障，侵袭免疫系统细胞，并可全身扩散，甚至可穿越血脑屏障和胎盘屏障[1]。目前产单李斯特菌感染后会引起两种形式的李斯特菌病：非侵袭性胃肠道李斯特菌病和侵袭性李斯特菌病。在免疫功能正常的个体中，非侵袭性李斯特菌病发展为典型的发热性胃肠炎；在免疫功能低下的成人中，如老年人和接受免疫抑制剂治疗的患者，李斯特菌病可表现为败血症或脑膜脑炎。围产期侵袭性李斯特菌病可导致流产、死产胎儿或婴儿全身感染（婴儿肉芽肿病）及新生儿脓毒症或脑膜炎[2]。李斯特菌病多采用氨苄青霉素或青霉素治疗，庆大霉素、四环素、氯霉素、红霉素、卡那霉素、磺胺嘧啶等也有效。

当今人口老龄化和抗生素、免疫抑制剂药物的广泛使用使得免疫低下的人群增多导致李斯特菌感染增加；此外，过去30年的流行病学调查表明，流行性李斯特菌病和散发性李斯特菌病主要是由食用受污染的食物引起的。目前社会生活节奏加快，肉制品、海产品、冷冻品及即食食品占日常食品的比重日益增加[3]，这些食品是典型的“李斯特菌风险食品”，在这些食品中李斯特菌有时间繁殖，并且食用前不会经历如高温等李斯特菌杀灭过程。这些因素都增加了感染李斯特菌病的风险。虽然与其他常见的食源性疾病（如弯曲菌病或沙门菌病）相比，李斯特菌病是一种相对罕见的疾病。然而，由于其高病死率，李斯特菌病是继沙门菌病之后，欧洲食源性感染相关死亡的第二大最常见原因。

参考文献

[1] 焦颖，张巍．李斯特菌生物学特征与临床相关性 [J]. 中国感染与化疗杂志，2015，15：491-495.

[2] ALLERBERGER F，WAGNER M. Listeriosis：A Resurgent Foodborne Infection [J]. Clinical Microbiology and Infection，2010，16：16-23.

[3] 郝歌，钱映，李蓉，等．单核细胞增生李斯特菌毒力基因及其致病机制的研究进展 [J]. 中国食品卫生杂志，2023，35（3）：481-486.

▲ 潜伏的刺客——李斯特菌

57. 李斯特家族的感染史

上一篇文章说道，李斯特菌是一种革兰阳性杆菌，其中，单增李斯特菌是唯一能使人类致病的，可引起李斯特菌病，是公共卫生学上重要的食源性病原菌。它最初是在什么情况下发现的？又在哪些地区流行过呢？

李斯特菌在自然环境中无处不在，据报道，它的代表菌株——单增李斯特菌从土壤、地表水、动物饲料、动物粪便、污水、食品加工厂和农场中都有分离到。1926年，在患脓血症的兔子和几内亚猪身上，首次分离得到该病原菌。1929年，丹麦报道了第一例单增李斯特菌引起的人类疾病[1]。1981年，加拿大出现了世界上首个单增李斯特菌暴发事件。

单增李斯特菌感染引起的主要临床症状是发热型胃肠炎、脑膜炎、脑膜脑炎和败血症，围产期妇女感染则会表现为流产、早产，甚至产死胎[1]。李斯特菌病的潜伏期通常为3~21天，最长可达67天[2]。感染可全年发生，但最常见于春季和秋季[3]。

李斯特菌病每年都在世界各地流行。在过去几年中，李斯特菌病的食源性暴发记录已经遍及亚洲、非洲、欧洲和美洲等国家。2018年5月，南非暴发了自有记录起的最大的全球事件。这起事件是由一家南非企业生产的熟肉制品受到单增李斯特菌污染所造成的，共有1049人被感染，病死率高达28.6%，其中，

42%的患者为孕妇和新生婴儿[2]。美国疾病预防和控制中心估计，99%的李斯特菌病是通过污染的食品而导致[1]。

在中国，李斯特菌病病例主要报告于中国东部沿海和西南部地区[3]，暴发事件较少。研究人员收集了1964—2013年的256 例侵袭性李斯特菌病病例，结果表明孕妇及新生儿占患病人数的一半左右，总体死亡率达到30.8%，其中新生儿组死亡率最高[4]。2013—2017年收集了211例病例，病死率为26.1%[1]。

李斯特菌病虽然发病率不高，但死亡率较高，这要引起重点关注。人们尤其要注重食品安全问题，尤其是65岁以上的老年人、孕妇和新生儿及具有潜在疾病或合并症（即糖尿病、癌症和炎症性疾病）的人群，他们是高度易感人群[5]，几乎所有的李斯特菌病病例都发生在这三类高风险人群中[6]。

参考文献

[1] 炊慧霞，等．2015—2020年河南省患者来源单核细胞增生李斯特菌流行特征分析 [J]. 中华检验医学杂志，2021（44）：749-754.

[2] 柴瑞宇．2015—2020年吉林省食品中单核细胞增生性李斯特菌污染现状及耐药性分析 [D]. 长春：吉林大学，2022.

[3] FENG Y，et al. Systematic Review of Human Listeriosis in China，1964—2010 [J/OL]. Tropical Medicine & International Health，2013（18）：1248-1256.

[4] 张文敏，董庆利，辛宝，等．猪肉制品中单增李斯特菌污染现状及致病力控制分析 [J/OL]. 食品与发酵工业．http://doi.org/10.13995/j.cuki.11-1802/ts.033859.

[5] SAMPEDRO F，PEREZ-RODRIGUEZ F，SERVADIO J L，et al. Quantitative Risk Assessment Model to Investigate the Public Health Impact of Varying *Listeria monocytogenes* Allowable Levels in Different Food Commodities：A Retrospective Analysis [J]. International Journal of Food Microbiology，2022（383）：109932.

[6] Centers for Disease Control and Prevention (CDC), C. & Prevention. Vital signs: Listeria Illnesses, Deaths, and Outbreaks-United States, 2009—2011 [J]. MMWR Morb Mortal Wkly Rep, 2013 (62): 448-452.

58. 单增李斯特菌的孤军奋战之路

李斯特菌属的菌种有很多，但是单增李斯特菌是唯一能引起人类疾病的李斯特菌，可以说是“孤军作战”了。单增李斯特菌是公共卫生学上重要的食源性病原菌，感染后引起李斯特菌病。单增李斯特菌的广泛分布及其能够耐受较宽的pH、温度和盐范围的能力，可能导致蔬菜在种植、收获、采后、处理或分配过程中受到污染，并且导致单增李斯特菌很容易进入食品加工设施，同时，它还能在各种食品如牛奶、海鲜、蔬菜和肉制品中存活和生长。因此，这种细菌导致越来越多的人类食源性疾病[1]。

那么它是怎么感染人类的？在人体内又是怎么导致人生病的呢？

单增李斯特菌在环境中无处不在，存在于土壤、水和粪便中。它还能够在人体内生存。胃肠道是微生物进入宿主的主要部位。它还能通过人类宿主中的三个重要屏障，即肠上皮、血脑屏障和胎盘[1]，传播至大脑或子宫等器官，从而导致严重的危及生命的感染，如脑膜炎、脑炎、自然流产或死胎。健康的个体通常不易感染单增李斯特菌，易感者为新生儿、孕妇、65岁以上的成人、免疫功能缺陷者[2]。

单增李斯特菌感染宿主细胞的过程涉及几个不同的阶段：对宿主细胞的黏附和侵袭，对宿主细胞的内化，液泡的裂解，细胞内增殖和细胞间扩散。摄入受污染的食物后，单增李斯特菌对胃酸和胆汁酸的抵抗力使其可在胃肠道定植[3]。然后通过它被称为内蛋白的表面蛋白和宿主的钙黏蛋白与胃肠道上皮细胞结合[4]，进入宿主的非吞噬细胞中，然后被巨噬细胞内化。内化后可从吞噬体液泡中逸出，并利用细胞质中的营养物质实现快速增殖。一旦脱离液泡，肌动蛋白聚合使细菌能够快速穿过细胞内的胞质溶胶，从而在不进入细胞外空间的情况下直接从一个宿主细胞渗透到另一个宿主细胞，使得细菌能够避免宿主反应并穿过血脑屏障[5]。在被邻近细胞内化后，单增李斯特菌可逃逸并重新启动其生命周期[6]。单增李斯特菌还可在宿主中传播，穿过肠道屏障后通过血液传播到其主要靶器官（肝脏和脾脏）。然后，细菌可能扩散到第二靶器官（子宫、大脑），导致孕妇流产或脑膜脑炎[3]。

单增李斯特菌的致病力与很多因素相关联，致病菌株需要携带完整的毒力基因且不存在错义突变的情况下才可引起感染。单增李斯特菌可在较低温度下利用鞭毛，在感染早期附着在肠细胞上，但该菌若暴露在较高温度下的时间较长，最终会失去鞭毛[4]。此外，单增李斯特菌可以通过遗传和环境机制的结合在宿主内定居，形成生物膜，生物膜可帮助单增李斯特菌抵抗干燥和消毒剂，促进有毒代谢物的清除，增加转移的机会及持续供给营养，这提高了它们在环境压力下的生存能力[7]。

参考文献

[1] CHEN J，et al. Molecular Characteristics and Virulence Potential of *Listeria monocytogenes* Isolates from Chinese Food Systems [J]. Food Microbiology，2009（26）：103-111.

[2] JORDAN K，MCAULIFFE O. *Listeria monocytogenes* in Foods [J]. Advances in Food and Nutrition Research，2018（86）：181-213.

[3] OSEK J，WIECZOREK K. *Listeria monocytogenes*-How This Pathogen Uses Its Virulence Mechanisms to Infect the Hosts [J]. Pathogens，2022（11）.

[4] ROGALLA D，BOMAR P A. Listeria Monocytogenes [M]. StatPearls：Statpearls Publishing，2022.

[5] CORR S C，O'NEILL L A. *Listeria monocytogenes* Infection in the Face of Innate Immunity [J]. Cellular Microbiology，2009（11）：703-709.

[6] MATLE I，MBATHA K R，MADOROBA E. A Review of *Listeria monocytogenes* from Meat and Meat Products：Epidemiology，Virulence Factors，Antimicrobial Resistance and Diagnosis [J]. Onderstepoort Journal of Veterinary Research，2020，87（1）：e1-e20.

[7] 郝歌，钱映，李蓉，等．单核细胞增生李斯特菌毒力基因及其致病机制的研究进展 [J]. 中国食品卫生杂志，2023，35（3）：481-486.

59. 不讲“武德”，恃强凌弱的“单增”

小薇姐姐在怀孕11周时出现了恶心、呕吐的症状。医生询问病史时发现她吃了冰箱里存放的生鱼片，当时诊断为流感，进行对症治疗后出院。后来因为血培养中培养出了单增李斯特菌，小薇姐姐又被叫回医院治疗。

单增李斯特菌“恃强凌弱”，新生儿、孕妇是它“爱欺负”的对象。

李斯特菌病在妊娠人群中的发病率是非妊娠人群的17倍，可通过胎盘传递给胎儿，也可在出生时从阴道获得。虽然李斯特菌病主要在妊娠晚期被诊断出来，但感染可能发生在妊娠的所有阶段[1]。妊娠期间引起的感染可导致流产、早产和绒毛膜羊膜炎，而新生儿感染可导致迟发性脑膜炎、结膜炎和肺炎[2]。

母体感染单增李斯特菌通常难以发现，大多数母体感染发生在妊娠晚期，此时T细胞免疫力受损最严重，妊娠早期很少观察到李斯特菌病[3]。受感染的女性通常会表现为轻度发热，伴有流感样症状、肌痛、关节痛和非特异性胃肠道症状，也可能无症状，因此诊断经常有延迟。尽管诊断存在这些障碍，但孕产妇死亡率很少见。然而，诊断的延迟会导致潜在的灾难性胎儿/新生儿后果[4]。

▲“恃强凌弱”的单增李斯特菌

新生儿感染单增李斯特菌的死亡率为20%~30%[5]，新生儿感染的发生可能是由于母体患有绒毛膜羊膜炎，或者新生儿在分娩过程中通过李斯特菌定植的产道感染，细菌随后从胃肠道侵入血液循环，并通过血脑屏障导致迟发性脑膜炎[6]。单增李斯特菌通过宿主的钙粘蛋白与胃肠道上皮细胞结合从而进入细胞内，钙粘蛋白是一种上皮附着蛋白，在血脑屏障和胎盘胎儿屏障中大量存在，这可以解释为什么细菌可以感染新生儿甚至引起脑膜炎[7]。

新生儿李斯特菌感染可引起脑膜炎、肺炎或脓毒症。新生儿李斯特菌病分为两种临床形式：早发型和迟发型[3]。早发型一般在出生后第一周内发生，通常表现为脑膜疾病，与以呼吸窘迫、发热、脓毒症和脑膜炎为特征的β型链球菌感染非常相似；迟发型可能发生在出生后一周到几周内，婴儿通常是足月的，出生时健康。与早发型新生儿感染相比，晚发型李斯特菌病婴儿的死亡率通常较低[4]。新生儿李斯特菌感染的诊断性表现是肉芽肿性婴儿败血症，这是一种罕见的严重播散性疾病，其特征是广泛的微脓肿和肉芽肿[5]。

参考文献

[1] PUCCI L，MASSACESI M，LIUZZI G. Clinical Management of Women with Listeriosis Risk During Pregnancy：A Review of National Guidelines [J]. Expert Review of Anti-Infective Therapy，16：13-21.

[2] WU G X，ZHOU J Y，HONG W J，et al. Treatment Failure in a Patient Infected with Listeria Sepsis Combined with Latent Meningitis：A Case Report [J]. World Journal of Clinical Cases，10：10565-10574.

[3] ALLERBERGER F，WAGNER M. Listeriosis：A Resurgent Foodborne Infection [J]. Clinical Microbiology and Infection，16：16-23.

[4] SERVENTI L，et al. Pregnancy Complicated by *Listeria monocytogenes*：A Case Report and Review of the Literature [J]. Journal of the National Medical Association，112：428-432.

[5] JANAKIRAMAN V. Listeriosis in Pregnancy：Diagnosis，Treatment，and Prevention [J]. Review of Obstet Gynecol，2008，1（4）：179-185.

[6] KHSIM I E F，et al. Listeriosis in Pregnancy：An Umbrella Review of Maternal Exposure，Treatment and Neonatal Complications [J]. BJOG，129：1427-1433.

[7] ROGALLA D，BOMAR P A. *Listeria monocytogenes*. [2022-07-04]，StatPearls [J]. Treasure Island（FL）：StatPearls Publishing，2023，PMID：30521259.

60. 揪出“单增”并不难

小薇姐姐因为血培养中出现了单增李斯特菌被叫回医院进行治疗。那么，问题来了，血培养结果出现了单增李斯特菌就会被诊断为李斯特菌病吗？李斯特菌病的诊断标准又是什么呢？

李斯特菌病确诊的关键是正常无菌部位出现阳性培养结果。单增李斯特菌能从临床标本（如血液、脑脊液、羊水、胎盘、胎粪、恶露、胃冲洗液或新生儿耳拭子）中培养得到。单增李斯特菌为革兰阳性短小的无芽孢杆菌，在普通琼脂平板上菌落形态为细小、半透明、微带珠光的露水滴样菌落；在血琼脂平板上有β溶血环；在显色培养基上呈蓝绿色。

因为李斯特菌是一种隐藏在宿主细胞内的细胞内生物，直接样本的革兰染色和显微镜中检测到单增李斯特菌可作为辅助诊断，在确诊性微生物学检查之前，有助于临床高度怀疑李斯特菌感染。在光学显微镜下，李斯特菌表现出翻滚运动，较为明显[1]。阴道或粪便培养特异性较低，这是因为存在无症状携带者，且在健康人群中有5%可从粪便培养物中分离出李斯特菌[2]。妊娠不影响李斯特菌的粪便、宫颈阴道或口咽携带率，但妊娠可能是围产期李斯特菌病的诱发因素[3]。

长期以来，血清学检测用于诊断李斯特菌病不可靠，其缺乏敏感性和特异性：单增李斯特菌与其他革兰阳性菌（如葡萄球菌和肠球菌）之间存在抗原交叉反应性；但血清学检测在暴发期间或其他流行病学调查中可用于检测非侵袭性感染形式（无症状疾病、胃肠炎）[4]。

妊娠期李斯特菌病母体的临床表现通常与食源性病原体引起的感染导致的胃肠道症状相似，而且高达30%的单增李斯特菌感染孕妇没有任何症状，但母体感染又可能会造成胎儿死亡的后果，所以妊娠期李斯特菌病的早期诊断具有挑战性。有必要对患者进行仔细检查及全面的病史询问，对出现发热的孕妇，尤其是伴有流感样或胃肠道症状的孕妇，都应考虑血培养[4]。如果怀疑是李斯特菌病，必须在确诊之前开始抗生素治疗。母体血培养的敏感性通常较低，阳性率0~55%。诊断母体胎儿李斯特菌病的“金标准”是胎盘培养，也可考虑诊断性羊膜腔穿刺术。如果中枢神经系统感染，不到40%的病例出现革兰染色阳性，蛋白质水平升高，70%的病例的白细胞中多形核白细胞占优势。如果中枢神经系统受累，血培养通常呈阳性[5]。

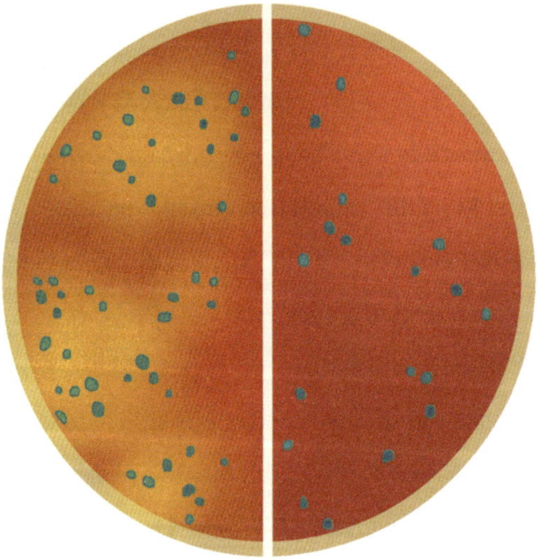

◀改良型李斯特菌显色琼脂

左：单增李斯特菌——蓝绿色菌落、有黄色光晕

右：伊氏李斯特菌——蓝绿色菌落，无黄色光晕

参考文献

[1] MATSUO T，MORI N，SAKURAI A，et al. *Listeria monocytogenes* Meningitis [J]. Clinical Case Report，2018（6）：1195.

[2] LAMONT R F，et al. Listeriosis in Human Pregnancy：A Systematic Review [J]. Journal of Perinatal Medicine，2011（39）：227-236.

[3] JANAKIRAMAN V. Listeriosis in Pregnancy：Diagnosis，Treatment，and Prevention [J]. Review Obstet Gynecol，2008（1）：179-185.

[4] PUCCI L，MASSACESI M，LIUZZI G. Clinical Management of Women with Listeriosis Risk During Pregnancy：A Review of National Guidelines [J]. Expert Review of Anti-Infective Therapy，2018（16）：13-21.

[5] SERVENTI L，et al. Pregnancy Complicated by *Listeria monocytogenes*：A Case Report and Review of the Literature [J]. Journal of the National Medical Assocication，2020（112）：428-432.

61. 消灭“单增”之路，任重道远

小薇姐姐被叫回到医院后，医院的治疗方案是每4小时静脉注射氨苄西林2克，持续3周。出院后小薇姐姐定期产检，没有发现有什么异常。她在妊娠41周时生下了一个健康男婴，发育良好，在产后6周随访中没有任何神经系统损害，这次治疗非常顺利。

单增李斯特菌感染的发病率不高，致死率却较高，一旦感染后果比较严重，主要影响孕妇、新生儿、老年人和免疫功能低下患者，在正常人群中很少流行[1]。所以一旦这些人群出现可疑的感染，应积极治疗。通过识别和及时干预，若是孕妇，就能获得成功的围产期结局。

单增李斯特菌最常见的感染表现是神经李斯特菌病、菌血症和新生儿感染。脑膜炎患者的体征和症状与其他细菌性脑膜炎的体征和症状相似，而且潜伏期可能更长；菌血症患者通常表现为无局灶性症状的发热性疾病，或伴有流感样症状和腹泻[2]，不易鉴别。因此，早期识别是增加生存机会的关键。

单增李斯特菌对大多数抗生素敏感，选择正确的抗生素似乎不是一个困难的选择，但在实际临床实践中，抗生素治疗会失败，特别是当存在中枢神经系统感染时，可能导致死亡率增加到25%~30%。这可能与李斯特菌能有效侵入宿主细胞和快速增殖相关，它们能以此逃避抗生素作用[1]。

单增李斯特菌对目前常用的氟喹诺酮类药物和头孢菌素类药物具有天然耐药性，尤其是第三代和第四代[5]。单增李斯特菌的耐药情况并不严重，但最近多项研究报道了一些国家分离的单增李斯特菌对抗生素的敏感性下降，同时出现了多重耐药菌株，这需要引起我们的重视[6]。

参考文献

[1] WU G X，ZHOU J Y，HONG W J，et al. Treatment Failure in a Patient Infected with Listeria Sepsis Combined with Latent Meningitis：A Case Report [J]. World Journal of Clinical Cases，（10）：10565-10574.

[2] PAGLIANO P，ARSLAN F，ASCIONE T. Epidemiology and Treatment of the Commonest Form of Listeriosis：Meningitis and Bacteraemia [J]. Le Infezioni in Medicina，2017（25）：210-216.

[3] ROGALLA D，BOMAR P A. *Listeria monocytogenes*. [2023-07-04]，StatPearls [J]. Treasure Island（FL）：StatPearls Publishing，2023.

[4] SERVENTI L，et al. Pregnancy Complicated by Listeria Monocytogenes：A Case Report and Review of the Literature [J]. Journal of the National Medical Association，2020（112）：428-432.

[5] NTSHANKA Z，EKUNDAYO T C，DU PLESSIS E M，et al. Occurrence and Molecular Characterization of Multidrug-Resistant Vegetable-Borne *Listeria monocytogenes* Isolates [J]. Antibiotics（Basel）：11.

[6] 张晓嫒，等 . 北京市食源性单增李斯特菌的分子特征和耐药性研究 [J]. 食品安全质量检测学报，2019（11）：9343-9348.

金黄色葡萄球菌

——美丽外表下的魔鬼

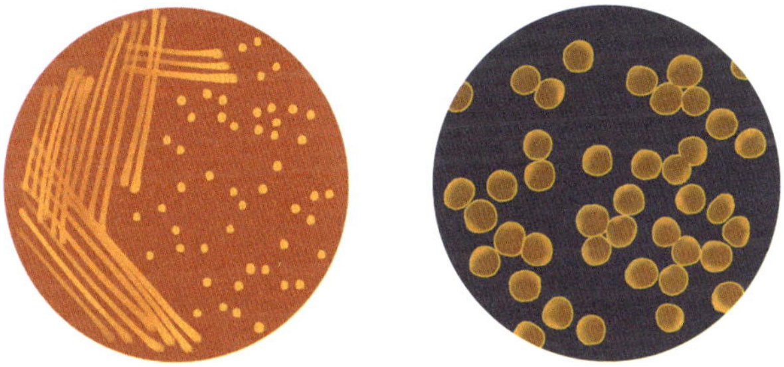

62. 葡萄球菌性肠炎？都是“金葡”惹的祸！

小薇的邻居王爷爷最近几年反复无规律地上腹部疼痛，近来体重下降明显，被诊断为胃癌，在医生的建议下他住院做了胃肠道手术。因为王爷爷的年纪较大，加上血糖一直控制不佳，因此医生在术前术后一直给他输生理盐水。小薇了解到，王爷爷术后就开始拉肚子。医生诊断为金黄色葡萄球菌感染所致的葡萄球菌性肠炎。金黄色葡萄球菌是什么菌？又怎么会导致葡萄球菌性肠炎呢？让我们一起看看。

金黄色葡萄球菌（*Staphyloccocus aureus*），“菌”如其名，因产生金黄色色素，在显微镜下呈葡萄串状排列而得名。金黄色葡萄球菌是最常见的革兰阳性球菌，因为细胞壁含90%的肽聚糖和10%的磷壁酸，革兰染色时结晶紫附着后不被酒精脱色而在显微镜下呈现紫色。金黄色葡萄球菌对营养要求不高，在普通培养基上生长良好，在血平板上菌落周围形成透明溶血环即典型的β溶血现象。但你千万别被它美丽的外表所迷惑，它其实是一种危险的细菌。它十分顽强，能抵抗干燥、酸性环境，加热60℃、1小时或80℃、30分钟才能将其杀死，当其入侵皮肤、黏膜和内脏时，产生的肠毒素、表皮剥脱毒素、杀白细胞素、细胞溶素、凝固酶等毒素和酶类，可在动物和人类中引起浅表性、侵入性和可能危及生命的感染，如肺炎、胸膜炎、心内膜炎、败血症及食物中毒等疾病。它在伤口处也容易大量滋生，引起化脓。插个小故事，当年弗莱明就是在他的金黄色葡萄球菌培养皿上发现有些菌被杀死而发现了青霉素。金黄色葡萄球菌通常对青霉素敏感，但近年来一种名叫“耐甲氧西林金黄色葡萄球菌”（*Methicillin-Resistant Staphylococcus aureus*，MRSA）的超级细菌已成为医院里棘手的院内传播菌，这类进化的耐药菌不仅对青霉素耐药，还几乎能抵抗所有的现有药物，除了万古霉素。

大概了解了金黄色葡萄球菌，我们再来看下金黄色葡萄球菌性肠炎是怎么回事。我们的肠道内定植着很多菌群，称为正常菌群。它们对于人体是有利而无害的。金黄色葡萄球菌也可定植于人体肠道，占健康人群肠道菌群的10%左右，但生长和繁殖受限于肠道其他正常菌群，极少引发肠炎。人体的正常菌群处于相互平衡、相互制约的状态。然而，一旦这种平衡被打破，如免疫力下降、菌群寄居部位发生变化、肠道正常菌群种类或数量发生变化等，这些对我们友好的正常菌群就会引起我们发病而成为机会致病菌，这种现象称为菌群失调。

二重感染的意思是用抗生素治疗某种原感染性疾病的过程中，又感染了另一种或多种病原体，变为两种或两种以上的混合感染。其原因为长期或者大量应用抗生素后，正常菌群被抑制或杀灭，而原处于数量劣势的菌群或外来耐药菌趁机大量繁殖而导致感染。简单来说，生病是因为抗生素的运用不当而被对人体有害的菌群“钻了空子”。这些有害菌群处于优势地位，在人体内“作威作福”。其中，金黄色葡萄球菌和革兰阴性杆菌是二重感染的主要病原。金黄色葡萄球菌等所致的二重感染的主要形式为肠炎，因此，广谱抗生素应用过程中所引起的二重感染往往会加重腹泻[1]。

因为金黄色葡萄球菌在肠道中的数量极少，且自身的竞争力并不强，只有其他肠道菌群被抑制后，才可能出现大量的繁殖，引起葡萄球菌性肠炎。此外，胃肠道术后暂时的肠道功能障碍、肠蠕动减慢，使得金黄色葡萄球菌有充足的时间在肠道内繁殖，释放毒素而导致明显的临床症状[2]。同时，有研究发现，外毒素类超抗原（如中毒性休克毒素-1）是金黄色葡萄球菌的主要致病因子，这类毒素可导致感染性休克[3]。

葡萄球菌性肠炎的症状一般于术后第2~7天出现，其主要临床特征为高热、腹胀、严重腹泻或其他胃肠道功能障碍、脱水，一些重症病人还可表现为中毒休克综合征[4-7]。24小时之内病情可迅速发展，腹泻粪便水样，次数可达20~30次/天，有的出现麻痹性肠梗阻[9]。

可见葡萄球菌性肠炎虽少见，但起病急，病程变化快，进展迅速，需要引起重视。

参考文献

[1] 张芋．腹泻该吃什么药？ [J]．药物与人，2002（5）：37.

[2] 韦瑶，龚剑峰，等．粪便菌群移植联合万古霉素治疗小肠造口术后耐甲氧西林金黄色葡萄球菌肠炎 1 例报告 [J]. 中国实用外科杂志，2014，34（6）：584-586.

[3] BOUCHER H W，COREY G R .Epidemiology of Methicillin-Resisitant *Staphylococcus aureus* [J]. Clinical Infectious Diseases，2008，46（5）：S344-S349.

[4] TAKEUCHI K，TSUZUKI Y，ANDO T，et al . Clinical Studies of Enteritis Caused by Methicillin-Resistant *Staphylococcus aureus* [J] . European Journal of Surgerg，2001，167（4）：293-296.

[5] KONISHI T，IDEZUKI Y，KOBAYASHI H，et al. Oral Vancomycin Hydrochloride Therapy for Postoperative Methicillin-Cephem-Resistant *Staphylococcus aureus* Enteritis [J]. Surgerg Today，1997，27：826-832.

[6] RUDDELL W S，LOSOWSKY M S. Severe Diarrhea Due to Small Intestinal Colonization During Cimetidine Treatment [J]. British Medical Journal，1980，281（6235）：273.

[7] 王萌，李阳，郑黎明，等．胃肠道手术后发生耐甲氧西林金黄色葡萄球菌肠炎的危险因素分析 [J]. 中华胃肠外科杂志，2018，21（12）：1387-1390.

63. 不可小觑的金黄色葡萄球菌肠毒素

了解了金黄色葡萄球菌性肠炎后，人们不由得思考，到底是谁从中作祟？经过多年的研究，科学家们终于发现了幕后黑手——金黄色葡萄球菌肠毒素。

耐热是葡萄球菌肠毒素的一个重要特征，葡萄球菌肠毒素的热稳定性受食物中环境的影响，如盐浓度、pH值和食物成分。它有三种行为方式：作为肠毒素，有A~E型5种可引起人类和其他易感动物食物中毒，其中A型毒力最强，会产生呕吐和腹泻；作为超级抗原，刺激*IL*-4和*IL*-10基因的表达，继而激活Th2细胞，从而抑制入侵病原体的清除[1]；作为外毒素，引起中毒性休克[2]。促进葡萄球菌产生毒素的4个条件如下。

(1) 源头：含有产生毒素的葡萄球菌宿主，可以是健康宿主或者感染的宿主。

(2) 传播途径：葡萄球菌要转移到我们吃的食物中，如制作食物的环境卫生不合格。

(3) 生存条件：食物有利于细菌的生存与产毒，如肉类、乳制品等是葡萄球菌的最爱。适当的温度与足够的时间也是不可或缺的，如制冷不良或烹饪不足。

(4) 病从口入：摄入足量的引起发病的有毒食物。

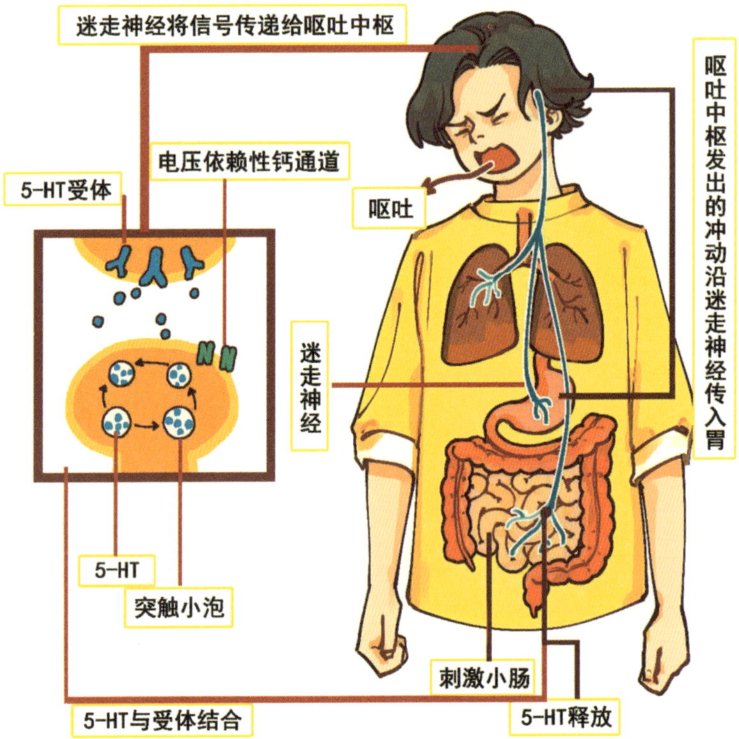

▲ 葡萄球菌性肠毒素引发呕吐的作用机制

葡萄球菌食物中毒是一种因摄入这种毒素污染的食物而引起的肠炎，所以这种肠炎不是一种感染性疾病，而是一种中毒[3]。在人和动物身上表现为在摄入毒素后1~4小时内开始呕吐，可伴有恶心和腹泻，乏力、冷汗、肌肉酸痛、头晕头痛、腹部痉挛、手脚冰冷、肚子疼等症状，持续约2~3天后消退，具有自限性，不需要使用抗生素。其中，无高热的呕吐是葡萄球菌中毒的特征[4]。

许多葡萄球菌肠毒素对蛋白水解酶具有高度抵抗力，因而金黄色葡萄球菌在食物中产生的肠毒素可以到达小肠中的靶细胞，而不受消化酶的影响[5]。葡萄球菌肠毒素A诱导小肠中5-羟色胺（5-HT）的释放，迷走神经传入神经元上的5-羟色胺受体是葡萄球菌肠毒素A刺激呕吐的关键，利用大麻素减少肠内5-羟色胺的释放可以减少由葡萄球菌肠毒素A引起的呕吐[6]。

预防此类中毒事件的发生，最基础的措施就是做好卫生工作。食物制作前要保证制作的环境、工具、人员的卫生状况。参与食物制作的人员，如手或手腕上有伤口，就不应参与食物的制作过程。食物制作后要尽快食用。肉类和乳制品等，如不能及时食用，应置于60℃以上保温，或4℃以下冷藏。

参考文献

[1] ABDELAZEEM M A，HELAL F H，AMR E，et al . Methicillin-Resistant *Staphylococcus aureus*（MRSA）：One Health Perspective Approach to the Bacterium Epidemiology，Virulence Factors，Antibiotic-Resistance，and Zoonotic Impact [J]. Infection and Drug Resistance，2020（13）：3255-3265.

[2] MARIZA L，MARIA T D. Staphylococcal Food Poisoning [J]. Foodborne Infections and Intoxications，2013（28）：389-400.

[3] LIU D Y. Enterotoxin-Producing *Staphylococcus aureus* [J]. Molecular Medical Microbiology, 2015 (55): 979-995.

[4] HENNEKINNE J A, DE BUYSER M L, DRAGACCI S. *Staphylococcus aureus* and Its Food Poisoning Toxins : Characterization and Outbreak Investigation [J] . FEMS Microbiology Reviews, 2012, 36 (04): 815-836

[5] SUZUKI Y, ONO H K, SHIMOJIMA Y, et al. A novel Staphylococcal Enterotoxin SE02 Involved in a Staphylococcal Food Poisoning Outbreak that Occurred in Tokyo in 2004 [J]. Food Microbiology, 2020, 92 (12): 103588.

[6] HU D L, ZHU G, MORI F, et al. Staphylococcal Enterotoxin Induces Emesis Through Increasing Serotonin Release in Intestine and it Isdownregulated by Cannabinoid Receptor 1 [J]. Cellular Microbiology, 2007, 9 (9): 2267-2277.

64. 食物中毒的第三大元凶

之前发生的食物中毒给小薇敲响了警钟，同时也引起了小薇对相关知识的极大的兴趣。为了防止身边同学像她一样“上吐下泻”，她决定在班级里科普食物中毒相关知识，于是进行了大量的资料查询工作。让我们跟着她的思路一起来看看吧。

食物中毒是我国重大公共卫生事件之一，是食源性疾病暴发的主要形式。目前食物中毒中占比最大的为细菌源性食物中毒，金黄色葡萄球菌排在致病因素的前三位。葡萄球菌食物中毒是指摄入含有葡萄球菌肠毒素的食物引起的食源性疾病。其耐高温和耐干燥的特性使其有利于在食物中生存较长时间。同时，其产生的葡萄球菌肠毒素有着耐热、耐冻、耐酸及抗蛋白水解酶的特征，这又使其在消化道保持活性，进而又可引起相关症状。

小薇搜索了各个地区疾控中心关于葡萄球菌食物中毒的资料，她总结了其流行病学特征，具体如下。

(1) 传染源：金黄色葡萄球菌属于条件致病菌，在约25%的健康人体内定植，间断性或永久性存在于人体与外界接触的部位，如皮肤表面、前鼻孔、咽喉等。当食品制作人员不注重卫生习惯时，如裸露的手或手臂存在金黄色葡萄球菌感染，如不注意更换手套或不戴口罩咳嗽、打喷嚏时，这些都会污染食物，将细菌传播给易感人群。同时金黄色葡萄球菌还是奶牛乳腺炎的常见病原[1]。当奶牛患有乳腺炎时，金黄色葡萄球菌也可以进入乳制品链而污染牛奶，被葡萄球菌污染的动物性食物构成人类感染的潜在传染源。

（2）传播途径：葡萄球菌最主要的传播途径是粪口传播。①预先摄入含毒素的食物：特别是夏季高温时，肉类、蛋类、乳制品等食物放置时间过长，成为毒素产生的培养基。②葡萄球在肠黏膜定植，释放毒素：烹饪时间过短、加热温度过低、保存温度过高等有利于葡萄球菌存活；厨具没有生熟分开，导致交叉污染；生产食物的设备未定期清理；食品制作过程中不经常更换手套或不注重手卫生；人畜共患传染[1]。

（3）易感人群：疾病的严重程度取决于摄入毒素的量和个人的总体健康状况[3-4]。葡萄球菌食物中毒可由摄入20~100纳克毒素引起[2]，尽管引起的临床症状通常是轻微的、自限性的，通常在24~48小时内消退，但对于婴儿、老年人、免疫力低下的人可能会很严重[2]，如严重呕吐、腹泻而导致脱水和电解质紊乱。

（4）时间分布：葡萄球菌食物中毒好发于5~9月，这是因为夏秋季节气温高、葡萄球菌繁殖快；餐饮服务单位的食物中毒事件大多发生在7~8月，这可能与学校暑假、旅行出行、聚餐等增多有关；学校食物中毒事件多发生在9月，可能与学生开学，学校尚未恢复食品卫生秩序及健康教育不足有关[5]。

（5）空间分布：我国家庭是食物中毒事件发生最多的场所，其次是饮食服务单位如餐馆与熟食店等，而集体性食堂发生的食物中毒以细菌性为主。推测这些中毒事件和不恰当的食品加工和制作有关：烹饪时间和温度不足、保存温度过高、放置时间过久、生熟不分导致交叉污染、食品制作工具清洁不足等[6]。

(6) 中毒食品种类：与消费和饮食习惯的差异相关[2]，肉类及其制品、禽类及蛋类、牛奶和乳类制品，烘焙产品，特别是奶油填充的糕点和蛋糕及三明治填充物等[1]。主要是食品制作、加工、贮存、运输不当，从而导致食物污染或变质。

小薇在班上展示完自己的学习成果后，台下响起了热烈的掌声。

参考文献

[1] KADARIYA J，SMITH T C，THAPALIYA D. *Staphylococcus aureus* and Staphylococcal Food-Borne Disease：An Ongoing Challenge in Public Health [J]. BioMed Research International，2014：1-9

[2] Sergelidisl D，Angelidis A S. Methicillin-resistant *Staphylococcus aureus*：A Controversial Food-Borne Pathogen [J]. Letters in Applied Microbiology，2017，64：409-418.

[3] ASAO T，KUMEDA Y，KAWAI T，et al. An Extensive Outbreak of Staphylococcal Food Poisoning Due to Low-Fat Milk in Japan：Estimation of Enterotoxin A in the Incriminated Milk and Powdered Skim Milk [J]. Epidemiology and Infection，2003（130）：33-40.

[4] SCHELIN J，WALLIN-CARLQUIST N，COHN M T，et al. The Formation of *Staphylococcus aureus* Enterotoxin in Food Environments and Advances in Risk Assessment [J]. Virulence，2011（2）：580-592.

[5] 王琪，吴瑕，张译匀，等 . 2015—2020 年中国家庭食物中毒新闻报道中科普情况调查分析 [J]. 食品安全导刊，2021（19）：174-178，180.

[6] BENNETT S D，WALSH K A，GOULD L H. Foodborne Disease Outbreaks Caused by *Bacillus cereus*，Clostridium Perfringens，and *Staphylococcus aureus*—United States，1998—2008 [J]. Clinical Infectious Diseases，2013，57（3）：425-33.

65. 戒备森严的缉凶关卡
——从传统培养到分子生物学技术

小薇上网搜索对疑似金黄色葡萄球菌感染患者的相关治疗。她发现，一般来说，医疗机构会先经验性地用广谱抗生素治疗，当鉴定结果和药物敏感结果出来时，再更换为更有针对性的窄谱抗生素。但是由于结果一般要1~3天才能出来，而不正确的经验性治疗很容易导致金黄色葡萄球菌的耐药性，因此，快速准确地检测金黄色葡萄球菌及其药物敏感性就变得十分重要。

小薇分别从传统培养、基于培养的快速方法及分子生物学技术三方面了解金黄色葡萄球菌的检测技术，下面让我们一起来看看吧。

传统培养：将患者的临床样本划线接种在培养基（如血琼脂）中。经过16~24小时的培养后，培养基上的菌落为混合菌落。根据菌落的大小、颜色、溶血性、表面性状等，将金黄色葡萄球菌初步鉴定并分离在一个新的培养基中重新培养，即传代培养，分离出来后即可进行药物敏感性测试（还需要16~24小时）。因此，整个过程可能需要72小时。传统培养仍然是诊断的“金标准”，也是进行体外药物敏感性试验、合理选择抗菌药物进行个体化抗感染治疗的主要手段[1]。

显色琼脂：可在传统培养的基础上直接鉴定出耐药菌。显色琼脂的设计目的是根据最后生长出的菌落颜色来进行识别，并通过在培养基中添加包含机体所耐的抗生素来选择耐药菌株[2]。除此之外，该培养基还抑制了大多数不属于葡萄球菌属的细菌，这有助于在标本中更直观地检测出金黄色葡萄球菌。这样节约了传代培养及药敏测试的时间，所以大多数可在18~28小时内得到结果，但若培养的时间过长，其他一些微生物可形成与耐药菌株颜色相似的菌落，降低特异性[2]。因此，它是筛选耐甲氧西林金黄色葡萄球菌的一种简单且低成本的方法。

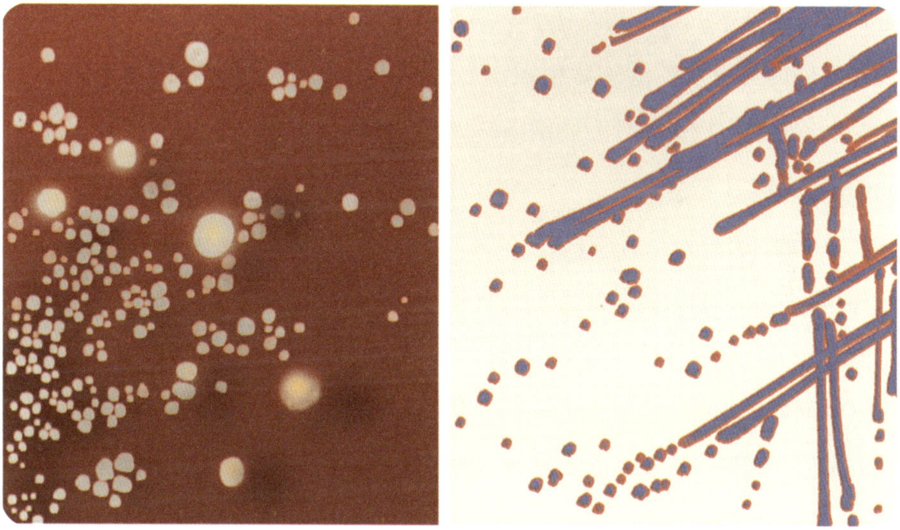

▲ 耐甲氧西林金黄色葡萄球菌在血琼脂上形态（左）和在显色琼脂（右）上的形态

资料来源：Methicillin-Resistant *Staphylococcus Aureus*（MRSA）Protocols Cutting-Edge Technologies and Advancements（Third Edition）

质谱分析法：基质辅助激光解吸电离飞行时间（MALDI-TOF）质谱可以检测生长在琼脂平板上的细菌的蛋白质。选取菌落后固定在晶体基质中，然后用激光进行轰击，样品的蛋白质被电离，加速到离子检测器。MALDI-TOF质谱可以测量蛋白质的电荷和影响时间，因此可以确定所检测蛋白质的质量，并将其可视化为质谱，每个峰值对应于蛋白质的特定质量[3]。因此，一个微生物会有一个特定的质谱与其蛋白质谱相对应，对照这个质谱与数据库进行比较，可以用于细菌鉴定。质谱分析的一个显著优势是它可以同时识别菌株和执行药物敏感性测试，缩短检验报告时限和简化工作流程。一般几分钟即可得到结果，且每个分离样本的成本相对便宜。缺点是MALDI-TOF质谱最初的高成本和实验室间的可重复性低，因为操作技术或操作设备等原因各实验室间不能产生相同的峰值，因此需要有收纳同一耐药菌株各种峰值的更大的数据库，且检测的微生物类型较少。

分子生物学方法：针对病原微生物的核酸分子特征进行鉴定。与上述方法相比，使用分子生物学方法的主要优点之一是检验报告时限减少，所需检测时间最短，可比传统培养方法快48~72小时。此外，分子生物学方法较少受到重复性问题的影响。然而，其局限性为不能进行药物敏感性测试，只能检测已知的基因。例如，在金黄色葡萄球菌中，对甲氧西林的耐药是由编码PBP2a的*mecA*基因介导的，耐甲氧西林金黄色葡萄球菌的*mecA*-PCR是一种“金标准”的分子检测方法[3]。

肽核酸荧光原位杂交（PNA-FISH）：该方法基于荧光素标记的PNA探针识别金黄色葡萄球菌，该探针靶向金黄色葡萄球菌16S rRNA的种特异性序列，并能准确地将其与凝固酶阴性葡萄球菌区分[4]。

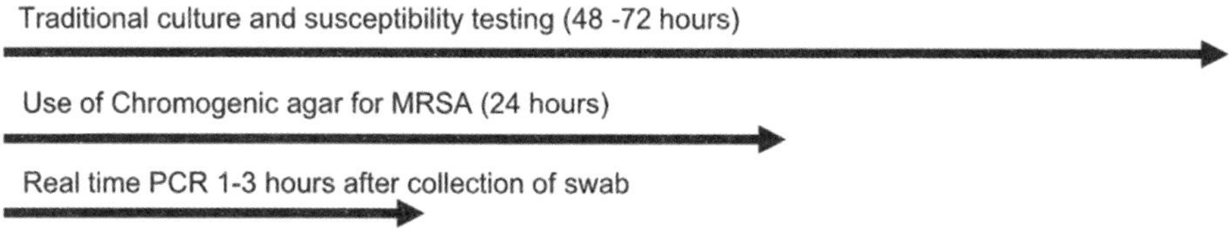

▲ 分子生物学方法所需检测时间最短，可比培养传统方法快48~72小时

核酸扩增分析：目前可用的分子检测大多是实时PCR检测。与传统培养和显色琼脂相比，基于PCR的快速检测具有较高的敏感性和特异性，更适合于高通量分析和自动化。当无法培养出存活的病原体时，它们有可能诊断出疾病的原因。

参考文献

[1] 王敬华，葛平，陈蓉，等.临床微生物实验室细菌分离接种技术的研究进展 [J]. 检验医学，2015，30（7）：757-760.

[2] JI Y D. Methicillin-Resistant *Staphylococcus aureus*（MRSA）Protocols Cutting-Edge Technologies and Advancements Third Edition [M]. Springer Science，Business Media，LLC：32-33.

[3] SANCHINI A. Recent Developments in Phenotypic and Molecular Diagnostic Methods for Antimicrobial Resistance Detection in *Staphylococcus aureus*：A Narrative Review [J]. Diagnostics（Basel），2022，12（1）：208.

[4] FORREST G N，MEHTA S，WEEKES E，et al. Impact of Rapid in Situ Hybridization Testing on Coagulase-Negative Staphylococci Positive Blood Cultures [J]. Antimicrobial Chemotherapy，2006，58（1）：154-158.

66. 臭名昭著的 MRSA
——MRSA 耐药形势

转眼到了冬天，感冒的人越来越多。近来，小薇不仅头晕嗜睡，而且鼻塞流涕不止。这严重影响了小薇的学习和生活。小薇十分苦恼。同桌建议她去药店买点阿莫西林，吃一周左右就能好。小薇不太放心，决定去医院看看。血常规检查结果显示她的淋巴细胞升高，于是医生给她开了其他对症的药而不是阿莫西林。小薇不解地问道："医生，没有开阿莫西林吗？"医生说："你这是病毒性感冒，吃阿莫西林没用的，吃多了还会引起耐药。按时服药，好好休息，注意保暖就行了。"

回家的路上，小薇一直在思考阿莫西林和耐药之间的关系，于是搜集了相关的信息。

抗生素被认为是20世纪最伟大的发现之一。阿莫西林几乎是所有国家最常用的抗生素。抗生素耐药性则更有适者生存的意味，即在抗生素的选择下，敏感菌株被杀死或抑制，而天然耐药或获得耐药性状的菌株有更大的机会生存及繁殖下去。不仅是过度使用抗生素，就算是使用不当，如选择不当、剂量不足、对治疗指南的依从性差等，都会导致抗生素耐药性的增加[1]。

19世纪80年代，金黄色葡萄球菌被人们发现。从那时起，它被证明是一种潜在的致病性革兰阳性细菌，可引起伤口感染。1942年，在青霉素用于医疗用途的2年后，第一例耐青霉素的金黄色葡萄球菌分离物在一家医院被发现。后来，在社区中也观察到这种耐青霉素的菌株。自1960年以来，大约80%的金黄色葡萄球菌菌株对青霉素有耐药性[2]。1961年，在甲氧西林（一种耐青霉素酶的青霉素）引入2年后，金黄色葡萄球菌由于获得了*mecA*基因而产生了甲氧西林耐药性[2]，称为耐甲氧西林金黄色葡萄球。

1999年，美国密西西比州首次发现了耐甲氧西林金黄色葡萄球菌菌株USA300。在2000—2003年，美国多个州暴发了该菌株引起的感染。到2011年，该菌株已成为全美社区获得性和医院获得性MRSA感染的主要原因[3]。到2017年，该菌株引起的感染已出现在全球多个洲际。一项对15项研究的综述显示，全球13%~74%的金黄色葡萄球菌感染是由MRSA引起的[4]。2017—2020年，金黄色葡萄球菌分离株的耐药性趋势在我国几乎没有变化，与2020年相比，2019年甲氧西林和β-内酰胺酶抑制剂耐药菌株仅短暂出现但显著增加（22%），而凝固酶阴性葡萄球菌感染中对甲氧西林的敏感性从47.8%下降至22.2%，与前3年相比，2020年的敏感性显著降低[5]。

MRSA在全球范围内的传播与国际旅行、移民等人口流动有关。几十年来，MRSA几乎完全发生在医院中，而甲氧西林敏感金黄色葡萄球菌（Methicillin-Sensitive *Staphylococcus aureus*，MSSA）在社区中偶尔引起发病。金黄色葡萄球菌克隆株USA300的流行推动了21世纪早期社区相关的MRSA（CA-MRSA）流行，首先在社区，后来蔓延至医疗机构。目前，CA-MRSA和医院相关的MRS（HA-MRSA）之间的区别正在逐渐消失。

近年来中国抗微生物药物耐药性监测系统（CARSS）报告显示，MRSA的比例为32.2%。据估计，到2050年，全球每年将有100万亿美元的经济损失和1000万人的死亡可归因于抗菌素耐药性；由于抗生素耐药性，中国每年将有20万亿美元的经济负担和100万人死亡[5]。中国政府展开了一系列抗击抗生素耐药性的努力[5]，在降低MRSA流行趋势方面取得了良好效果。2011—2013年，在全国医疗卫生机构开展了抗菌药物合理使用推广活动，重点在二级、三级医院开展。2015年，中华人民共和国农业部禁止在动物身上使用洛美沙辛、培氟沙辛、氧氟沙星、诺氟沙星四种抗生素。2016年，中国响应WHO的全球努力，启动了2016—2020年遏制细菌耐药的5年国家行动计划。

虽然万古霉素是对抗MRSA的一线抗生素，但其局限性在于起效较慢并且组织穿透能力较差。达托霉素被认为是治疗MRSA的替代一线药物，替考拉宁是万古霉素耐药患者的另一种选择。

了解到这里，小薇感叹：原来抗生素也有大学问，以后一定听医生的话，不能乱吃药。

参考文献

[1] PRESTINACI F，PEZZOTTI P，PANTOSTI A. Antimicrobial Resistance：A Global Multifaceted Phenomenon [J]. Pathogens and Global Health，2015（109）：309-318.

[2] DEURENBERG R H，STOBBERINGH E E. The Evolution of *Staphylococcus aureus* [J]. Infection，Genetics and Evolution 8，2008：747-763.

[3] DPHIL I F，THOMAS P V B，et al. Global Geographic Trends in Antimicrobial Resistance：The Role of International Travel [J]. Journal of Travel Medicine，2019：1-13.

[4] KOCK R，BECKER K，COOKSON B，et al. Methicillin-Resistant *Staphylococcus aureus*（MRSA）：Burden of Disease and Control Challenges in Europe [J]. Euro Surveillance，2010（15）：19688.

[5] PETRILLO F, PIGNATARO D, DI LELLA F M D, et al. Antimicrobial Susceptibility Patterns and Resistance Trends of *Staphylococcus aureus* and Coagulase-Negative Staphylococci Strains Isolated from Ocular Infections [J]. Antibiotics, 2021 (10): 527.

67. 打败金黄色葡萄球菌——防治手段

第二天，小薇将自己了解到的知识科普给同桌。“原来如此！原来‘神药’也没有那么神！那现在对于金黄色葡萄球菌感染引起的疾病的防治进展如何呢？”让我们一起来看看小薇整理的资料吧。

金黄色葡萄球菌可引起皮肤和各器官（如骨髓炎、脓胸、肺炎等）的化脓性感染，全身性感染（如败血症、脓毒血症等），以及与留置导管或假体等医疗设备相关的感染。其产生的毒素可引起食物中毒、毒素休克综合征等。针对不同病症，预防和治疗的手段是不同的，让我们具体来了解一下。

针对菌血症的预防和治疗：甲氧西林敏感金黄色葡萄球菌（MSSA）引起的血流感染推荐使用β-内酰胺类抗生素治疗，万古霉素作为耐甲氧西林金黄色葡萄球菌（MRSA）引起的血流感染的一线治疗药物，但万古霉素组织渗透性差，杀菌起效时间较慢。美国传染病学会（IDSA）专家指南现在推荐达托霉素作为与万古霉素同等的治疗成人MRSA菌血症的选择[1]。幸运的是，万古霉素和达托霉素的广泛耐药尚未发生，对万古霉素耐药的患者可选择替考拉宁。头孢他林是第一个对MRSA菌株有活性的β-内酰胺抗菌药物，越来越多的证据表明头孢他林可用于治疗成人严重的MRSA皮肤及软组织感染、菌血症、心内膜炎等。一般来说，无并发症菌血症患者应继续抗葡萄球菌治疗约14天，合并并发症的菌血症患者应继续抗葡萄球菌治疗4~6周[2-3]。较新的糖肽抗菌剂，如达尔巴韦辛、特拉万辛和奥里塔万辛也很有前景，因为它们的半衰期比万古霉素长得多，可能允许每周输注，而不是经外周静脉穿刺中心静脉置管（PICC）每天给药[4]，减少了患者治疗时的痛苦。单克隆抗体阻断葡萄球菌毒素的被动免疫预防是一个很有前景的研究领域，有望提供新的治疗方法，但目前尚无预防金黄色葡萄球菌病的疫苗。

针对生物膜：在临床中，金黄色葡萄球菌可在各种医源性导管（如静脉导管、导尿管、透析导管等）和植入医疗设备（关节假体和起搏器等）表面形成生物膜，帮助金黄色葡萄球菌在体内逃避抗生素及免疫系统的清除作用。因此，应拔除受感染的导管或植入物，控制传染源，随后选用抗生素进行治疗。当不明原因的菌血症持续存在时，应通过MRI或CT检查寻找隐蔽的病灶，通过引流或手术去除病灶后继续抗生素治疗。

抗生素及其组合：对MSSA有效的药物组合为苯唑西林、阿奇霉素、夫西地酸；利福平、头孢唑林；万古霉素、庆大霉素；万古霉素、夫西地酸；万古霉素、阿奇霉素、夫西地酸；利福平、环丙沙星、夫西地酸。对MRSA生物膜具有杀菌作用的药物组合主要为利福平、万古霉素、夫西地酸和利福平、环丙沙星、夫西地酸组合[5]。采用不同的抗菌药物（磺胺嘧啶银、氯己定等）和抗生素（米诺环素、利福平等）涂层的植入物和导管作为预防金黄色葡萄球菌生物膜形成的方法，但它们的使用可能导致耐药菌株的发展。

新型抗生物膜剂：现在正不断努力开发新的抗生物膜制剂，确定了几种可对抗葡萄球菌生物膜相关感染的制剂如重新用途药物、植物化学物质、金属螯合剂、纳米颗粒、抗菌肽（amp）、酶、噬菌体和抗体。尽管噬菌体特异性高，但它们不能通过静脉注射，会被免疫系统破坏。金属螯合剂和巯基试剂表现出良好的抗生物膜作用，但因为其毒性不适合全身应用。金属纳米颗粒在较高剂量下可能会产生毒性；酶可以破坏生物膜的形成，但它们本质上是蛋白质，有激活免疫反应的可能性，因此受到限制。

开发生物膜发育的修饰表面的医用植入物和导管：目前商业上用于植入物的标准生物材料包括钛、钛合金不锈钢、钴铬钼合金和超高分子量聚乙烯。而研究表明，植入材料表面粗糙度的增加减少了金黄色葡萄球菌的附着[6]，因此，通过使用氧化钛的纳米涂层形成粗糙的植入物表面，可显著减少金黄色葡萄球菌与植入物的结合。

超声、光动力疗法：通过微创激光冲击波在体外和体内破坏金黄色葡萄球菌生物膜，增加了其对抗生素环丙沙星和庆大霉素的敏感性[7]。同样，低频超声波治疗也增强了抗生素治疗对葡萄球菌生物膜的作用。光动力疗法使用特定波长的光来激活光敏剂，产生对细菌有害的活性氧。

针对MRSA的预防传播策略：由于MRSA常出现在医院里，所有与MRSA感染者或定殖者接触的医护人员都应采取接触预防措施，以限制患者之间的传播。应将MRSA感染患者安排在单人间，医护人员进入时做好防护，并在离开前脱下防护服和手套。由于MRSA的定植是持续性的，因此在感染者住院期间、恢复后及任何与患者有接触史的人，都应该严格做好防护。此外，对于感染患者的房间及在患者护理期间使用的任何医疗设备都应进行严格消毒。

参考文献

[1] LIU C，BAYER A，COSGROVE SE，et al. Clinical Practice Guidelines by the Infectious Diseases Society of America for the Treatment of Methicillin-Resistant *Staphylococcus aureus* Infections in Adults and Children [J]. Clinical Infectious Diseases，2011（52）：e18-e55.

[2] LIU C，BAYER A，COSGROVE S E，et al. Clinical Practice Guidelines by the Infectious Diseases Society of America for the Treatment of Methicillin-Resistant *Staphylococcus aureus* Infections in Adults and Children：Executive Summary [J]. Clinical Infectious Diseases，2011（52）：285-92.

[3] GOULD I M，CAUDA R，ESPOSITO S，et al. Management of Serious Meticillin-Resistant *Staphylococcus aureus* Infections：What Are the Limits?[J]. International Journal of Antimicrobial Agents，2011（37）：202-9.

[4] MOORE C L，OSAKI-KIYAN P，HAQUE N Z，et al. Daptomycin Versus Vancomycin for Bloodstream Infections Due to Methicillin-Resistant *Staphylococcus aureus* with a High Vancomycin Minimum Inhibitory Concentration：A Case-Control Study [J]. Clinical Infectious Diseases，2012（54）：51-8.

[5] SAGINUR R，DENIS S T，FERRIS W，et al. Multiple Combination Bactericidal Testing of Staphylococcal Biofilms from Implant-Associated Infections [J]. Antimicrobial Agents and Chemotherapy，2006（50）：55-61.

[6] LORENZETTI M，DOGŠA I，STOŠICKI T，et al. The Influence of Surface Modification on Bacterial Adhesion to Titanium-Based Substrates [J]. ACS Applied Materials & Interfaces，2015（7）：1644-1651.

[7] GNANADHAS D P，ELANGO M，JANARDHANRAJ S，et al. Successful Treatment of Biofilm Infections Using Shock Waves Combined with Antibiotic Therapy [J]. Scientific Reports，2015（5）：17440.